恐龙星球

[英] 安德鲁 · 里奇韦（Andrew Ridgway） 编著
杨天敏 译

中国画报出版社 • 北京

图书在版编目（CIP）数据

恐龙星球 / (英) 安德鲁 · 里奇韦编著 ; 杨天敏译
. -- 北京 : 中国画报出版社, 2017.6（2020.7重印）
（爱因斯坦讲堂）

书名原文: Dinosaurs Rediscovered

ISBN 978-7-5146-1477-0

Ⅰ. ①恐… Ⅱ. ①安… ②杨… Ⅲ. ①恐龙－少儿读物 Ⅳ. ①Q915.864-49

中国版本图书馆CIP数据核字(2017)第041569号

北京市版权局著作权合同登记号：图字 01-2017-3594

恐龙星球 [英] 安德鲁 · 里奇韦（Andrew Ridgway） 编著 杨天敏 译

出 版 人：于九涛
策划编辑：赵清清
责任编辑：于九涛
助理编辑：朱露茜 赵清清
装帧设计：詹方圆
责任印制：焦 洋
出版发行：中国画报出版社
（中国北京市海淀区车公庄西路 33 号 邮编：100048）
开 本：16 开（787mm × 1092mm）
印 张：14.5
字 数：110 千字
版 次：2017 年 6 月第 1 版 2020 年 7 月第 4 次印刷
印 刷：保定市正大印刷有限公司
定 价：72.00 元

总编室兼传真：010-88417359 版权部：010-88417359
发 行 部：010-68469781 010-68414683（传真）

前　言

我们印象中的恐龙总是披着厚厚的鳞甲，被画成灰色、绿色或是棕色。但新的化石证据表明，我们必须重新认识恐龙：它们绝非我们一直以为的样子，它们的行为也与我们印象中的大相径庭。例如，近年来我们已经得知部分种类的恐龙实际上是长有羽毛的，其中一些恐龙的羽毛甚至有着艳丽的色彩。

《恐龙星球》是一本有关恐龙的深度指南，在这里，我们将对接科学证据最前端，还原恐龙的真实面貌，带你走近各色各样的恐龙。这些史前生物让我们深深着迷，而我们的兴趣大多是从凶猛的肉食性恐龙——雷克斯暴龙(Tyrannosaurus rex)开始的。因为这个原因，十大肉食性恐龙的研究将是我们的重头戏。当然，有关小恐龙的精彩内容也将为您呈上。

我们对于恐龙形象的描绘是基于恐龙的化石遗骸。化石是如何形成的？在这里你也能找到答案。同时，我们也将探索那些恐龙化石中是否存留有足够的基因，使我们能够在将来某一天将它们带回我们身边——也就是说我们能否拥有一个真正的侏罗纪公园？

恐龙在 6600 万年前就已经灭绝了，但是《恐龙星球》将活灵活现地展现它们真实的样子。欢迎加入地球远古之旅，祝您旅途愉快。

Andrew

安德鲁·里奇韦（Andrew Ridgway）

Andrew.ridgway@futurenet.com

@SciUncovered

目录

第四章 恐龙化石研究

第五章 恐龙世界

06
21
12
28
09
16

1 草食性恐龙

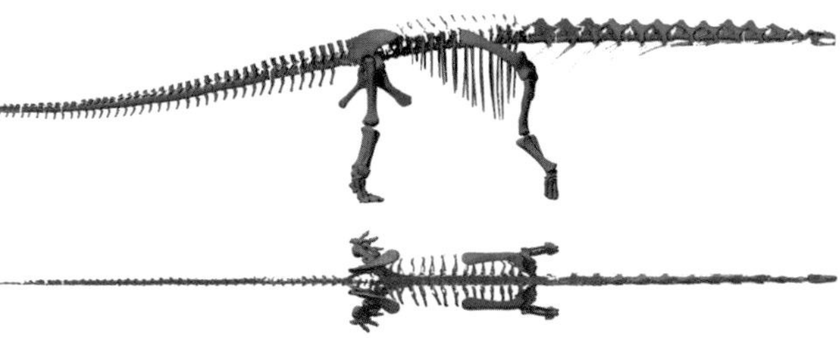

非洲象每日进食 18 个小时。
它们每天要吃掉 91~273 千克的食物。

据估计，阿根廷龙的体重在 60 吨到 100 吨之间，比 10 头非洲象还要重。

温和的巨兽——史上最大恐龙

巨大的蜥脚类恐龙阿根廷龙（Argentinosaurus）是地球上有史以来体积最庞大的生物，但我们对它的了解究竟有多少？

巴塔哥尼亚（Patagonia）位于南美洲的最南端，阿根廷和智利的交界处。欧洲的探险家第一次探访了这一片西海岸后，带回了关于此处有身高4米的巨人的传说。因此，在某些世界地图上，这片土地被标注为“巨人家园”。后来，这个故事被证明是谣传。想要接触巴塔哥尼亚真正的“巨人”，他们迟到了9600万年。

如今的巴塔哥尼亚一片荒凉，只剩一些零星的灌木丛，生命几乎无法在此存活。但当时光转回白垩纪晚期，这里一片郁郁葱葱。对史上最大的生物——阿根廷龙来说，巴塔哥尼亚是最理想的居住地。阿根廷龙的高度相当于一座三层高的小楼，它的体重在60吨到100吨之间，也就是有十头非洲象那么重。要知道，非洲象可是现存的最大的陆地哺乳动物。

阿根廷龙隶属于泰坦巨龙（Titanosaur）一脉，雷彻·吉列尔莫·埃雷迪亚（Rancher Guillermo Heredia）是第一个发现它们存在痕迹的人。雷彻在阿根廷中部拥有一片土地，1987年，当他在其中漫步时，发现

与其他的蜥脚类恐龙一样，阿根廷龙也结群迁徙，每个群体大约由 20 只恐龙组成

体积如此巨大的阿根廷龙究竟得吃多少食物？它们每天的热量摄入也许需要 100000 卡路里！

了一个石坡。他本以为这是一块木化石，最后发现这竟是阿根廷龙的胫骨化石，它的长度相当于成年人的身高。古生物学家鲁道夫 · 科里亚（Rodolfo Coria）进行了进一步的挖掘，发现了一节椎骨，部分髋骨、肋骨以及下颌骨。

泰坦巨龙是最大的蜥脚类草食性恐龙，它们有着长脖子、长尾巴和小脑袋。根据出土完整的、体积更小的其他蜥脚类恐龙的化石，科学家可以推断出阿根廷龙的大致体积，也可以构想出它们真实的生活场景。

大块头

体积如此巨大的阿根廷龙究竟得吃多少食物？

阿根廷龙用又细又长的牙齿从树枝上拽叶子吃。它们总是成群结队地行动，一般 20 只左右的恐龙组成一队，从一个地区漫步到另一个地区，寻找充足的食物——它们每日的热量需求高达 100000 卡路里。布里斯托大学的助理研究员、蜥脚类恐龙专家迈克 · 泰勒（Mike Taylor）博士这样说：“相比于如今的动物而言，阿根廷龙具有体积优势。比如说，大家都知道大象需要不停地进食来保证正常的新陈代谢。这是因为哺乳动物在进化之初就被限定在了这样一种进食习惯中：我们总是先咀嚼再吞咽。体积小的动物采取这种方式不会有什么问题；但随着体积的增大，这种进食方式的缺陷就越来越明显。蜥脚类恐龙的进食方式则不同，它们的牙齿和下颌仅用于摘取食物，它们也并不咀嚼。体积越大的动物越适宜这种进食方式，因为它们有着更大的胃，消化系统有充足的时间来吸收食物中的营养。”

蜥脚类恐龙的体积比现代哺乳类动物更大的原因还有一个，那就是生育方式的差异：蜥脚类恐龙是卵生动物。泰勒解释说：“动物的体型越大，需要投入到照顾幼崽上的精力就越多，因而也就更容易面临危险甚至于灭绝。卵生的恐龙一年可以产下几百枚蛋，那么即使在最艰难的年代也会有少量的蛋存活下来。”

巨兽之争

“成年的阿根廷龙体型庞大，其他动物都不敢挑战它的威严。”泰勒如是说。然而在同一地区发现的化石却讲述着不同的故事：阿根廷龙是一种名为巨兽龙（Giganotosaurus）的肉食恐龙的捕猎对象。这个捕食者的大小与雷克斯暴龙相当，但比成年阿根廷龙要小许多。泰勒说：“这样的捕猎就好比狮子想吃掉大象。”

据推测，6只左右的巨兽龙会结队捕杀猎物，它们用尖锐的牙齿扯下阿根廷龙的腿和腹部；之后，它们会尾随受伤的阿根廷龙，等待阿根廷龙因为流血或是感染而倒下。然而，与成年的阿根廷龙为敌需要很大的勇气。阿根廷龙若是扬起前肢迅速转头，给出的回击将会是惊天动地的，这足以吓退那些哪怕是最勇敢的攻击者。

这就是为何巨兽龙的主要目标集中在那些更为弱小的幼年阿根廷龙上。一般来说，阿根廷龙孵化之后，需要20~30年的时间长到成年体型。在阿根廷一处叫作“蛋山”的地方，科学家发现了化石蛋。泰勒说：“这片区域的面积很大，数平方千米的土地上布满了蜥脚类恐龙的蛋。”从胚胎化石来判断这些蜥脚类恐龙的确切种类并不现实，但据推测，雌性阿根廷龙可能也会像其他种类的蜥脚类恐龙一样聚集产卵。

作为泰坦巨龙家族的一员，阿根廷龙也会通过一些特殊的进化来使得体型庞大的自己更加适宜生存：由于吃东西无须咀嚼，所以头部和下颌的肌肉就变得更轻更小；四肢骨坚硬牢固，骨壁厚实，骨髓腔很小，而在行走过程中，它们的膝盖是不弯曲的，这样可以减少对关节的损伤；肢骨末端长有软骨，可以帮忙分担骨头承受的体重压力；它们也进化出了更宽的脚掌，便于更好地承重。

阿根廷龙的脊椎、颈椎和尾骨都是蜂窝状，其间充斥着空气，这样可以减轻它们的体重。泰勒说：“仅有不到一半的骨头是实实在在的，其余的部分都是空气。”就拿颈椎来说，蜂窝结构的颈椎骨的重量仅为实心颈椎骨的九分之一。阿根廷龙有着锁链状的椎骨，这是它们进化出来帮助支撑庞大的身躯的独特骨架结构。科瑞奥博士这样解释：“这种动物的背部就如同一座骨桥，一方面，它非常牢固，足以承受巨大的重量；另一方面，它又足够轻巧，让阿根廷龙不至于为体重所累。”此外，阿根廷龙的皮肤底下以及肌肉中间是流动的气囊，使得它的体重能够进一步的减轻（在鸟类身上，这种身体结构也很常见）；再加上用以控制它粗壮颈部的肌肉位于更靠近躯干的一端，所以体重对阿根廷龙来说并不构成问题。

阿根廷龙的皮肤是它们的鳞状盔甲，上面布满了骨化凸起（osteoderm）——这类似于现代鳄鱼身上的那些骨质沉积物，主要用于储存保护骨骼和生产卵蛋所需的矿物质。阿根廷龙皮肤上的骨化凸起可能有一个健身背包那么大。

龙外有龙

阿根廷龙的体型已经长至生物学的极限，这让人们不禁想要问一个问题：它为何如此巨大？其部分原因在于，那时候的非洲是一片孤立的土地。科瑞奥这样说：“由于长时间的与世隔绝，那里的动物有了自己的进化方式。这种生物地理隔离带来的进化是独一无二的。”

现存于阿根廷内乌肯的卡门菲耐斯市立博物馆（Carmen Funes Municipal Museum）的全尺寸的阿根廷龙骨架

在中国四川省出土的蜥脚类恐龙的股骨

怎样"称"出恐龙的重量?

在新技术的帮助下，科学家能够更加准确地估计出恐龙的重量。

阿根廷龙的估计重量在60吨到100吨之间，不同的估测值差异很大。那古生物学家究竟是怎么估算出恐龙的体重的呢？要知道，他们拥有的参考物仅仅是几段骨头。这个问题很棘手，因为不仅同一种群的不同成员可能体重悬殊，就算是单一个体，它的体重也有可能随着季节的变化而改变。

股骨长度是估测恐龙体重的重要线索之一。因为对于鸟类、哺乳类以及一些爬行类动物来说，股骨的长度与它们的体重密切相关。这就为科学家提供了一种方便快捷的方式来大致估量出恐龙的体重。另一种估量方法是生物力学家麦克尼尔·亚历山大（McNeil Alexander）提出的：先建立一个恐龙的比例模型，然后根据替换原理计算出恐龙的体积；但是这种方法也带来了一个问题：模型上任何细小的错误在估算过程中都会被成倍地放大，而且如果使用这种方法的话，科学家还需要事先知道恐龙的大致密度。最初有关恐龙体重的估测参考的是现代陆地动物的体重；随着认识的加深，科学家开始了解到恐龙身体里的气囊会大大减轻它们骨骼的重量，恐龙体重的估测也变得越来越准确了。

除了科学认识的加深，电脑模型技术的成熟也为估测带来了诸多便利。有了电脑的帮助，科学家可以建造更加精准的模型，也可以考虑到恐龙身体的不同部位密度的差异对体重造成的影响，从而得出更加可靠的结论。

这样的体型还带来了其他的一些好处。泰勒解释："其中一个好处就是它们可以很好地适应不断变化的气温：夜晚的非洲会变得十分寒冷，体型过小的动物没办法保持合适的体温，有可能会在寒冷中死去；而拥有较大体型的动物由于有着一定的体重基数，可以抵御这种寒冷；另一个好处是它们能够忍受长时间的饥饿：我们可以想象出，蜥脚类恐龙可以连续一两周都无须进食，但体型更小的动物则无法在这样的条件下存活。"

当然，阿根廷龙长得越大，摔得就越狠——我们这里说的就是字面意思。当我们询问泰勒，过大的体型是否会带来一些负面影响的时候，他这样回答我们："一头发育完全的阿根廷龙如果滑倒的话，很有可能会摔断骨头，再也站不起来了，所以它们在行动的过程中必须要非常小心。另外我们已经了解到，动物的体型越大，越可能灭绝。如果一种动物的体重达到了 100 吨，只要有少数的死亡就会让它们整个族群都很难生存下去了。"

"我们有一些关于其他蜥脚类恐龙的资料，但没人能确定它们的真实程度。"泰勒说，"据记载，在 1985 年发现了一种被称作巨体龙（Bruhathkayosaurus）的印度恐龙，但有关的资料仅仅是一些概略的描述。如果相关记载准确无误的话，那么巨体龙的胫骨有 2 米长。根据这一数字，

尽管阿根廷龙的巨大已经让人们惊叹不已，但它很有可能还不是世界上最大的恐龙。

成年和幼年的梁龙(Diplodocus)有着形状不同的头骨，这是一种生态位划分，可以合理划分它们的食物种类

阿根廷龙高约 8 米——这相当于 4.5 个成年人的高度

再参考其他恐龙的数据，我们可以推测巨体龙的体重可能超过 200 吨，这听上去真是太不可思议了！这一体重使它足以与世界上最大的动物——蓝鲸比肩。如此庞然大物在路上行走的话，其景象一定是地动山摇。但在一个雨季，这段胫骨已消失在洪水之中，仅仅几笔素描无法构成巨体龙曾经存在过的证据。”

因而，到目前为止，史上最大恐龙的王冠依然戴在阿根廷龙的头顶上，它是当之无愧的王者，来自巴塔哥尼亚的真正巨人。

挑食的恐龙

有些种类的蜥脚类恐龙在小时候吃东西总是挑三拣四，不过它们这么做是有理由的。

梁龙（Diplodocus）也是蜥脚类恐龙的一种，它长着又宽又方的嘴巴。像它体型更大的表亲——阿根廷龙一样，梁龙什么都吃，这样才能满足它庞大身躯所需的能量。不过，幼年梁龙的化石表明它们小时候的嘴巴是更窄更圆的，因而有些古生物学家认为它们可能只吃高能量的食物，只有这样它们才能迅速长至成年体型。就比如说，阿根廷龙的体重会从出生时的 5 千克长至完全体型的 75000 千克，在特定的生长阶段，它们每天都能增重 40 千克。成年的蜥脚类恐龙可以适应能量较低的食物，因为它们的消化道很长，但是它们的幼崽必须选择食用含有高能量的食物。这种现象叫作“生态位划分”（niche partitioning），这同时也意味着幼年蜥脚类恐龙无须和成年恐龙争抢食物。

阿密特 · 卡特瓦特
（Amit Katwala）
科学作家
卡特瓦特来自伦敦，毕业于哈佛大学，取得了实验心理学的学位。曾多次获奖。

蜥脚类恐龙可以连续一两周都无须进食。

五种其他大型恐龙

尽管谁也比不上泰坦巨龙的庞大体型，但化石证据表明其他一些恐龙的体积也相当可观。

波塞冬龙（Sauroposeidon）

它的名字来源于希腊的海洋之神。1999年，当波塞冬龙的椎骨在美国的俄克拉荷马州出土后，人们一度以为它会取代阿根廷龙成为世界上最大的恐龙。波塞冬龙的体重在50吨到60吨之间，比阿根廷龙轻一些；但它有着12米长的脖子，这使得它的个头也许会比阿根廷龙高。

犹他盗龙（Utahraptor）

犹他盗龙属于迅猛龙的一种，它们并不像《侏罗纪公园》中描绘的那样体积庞大；但犹他盗龙是迅猛龙家族中个头庞大的一员。犹他盗龙体重大约为680千克，身长6米。它拥有巨大的利爪，这一特征在迅猛龙的后裔身上也保留了下来。

哈特兹哥翼龙(Hatzegopteryx)

哈特兹哥翼龙是在罗马尼亚被发现的。它是世界上体型最大的翼龙之一，翼展宽达 12 米，拥有一颗硕大的脑袋。哈特兹哥翼龙的头骨坚硬牢固，上面布满了小孔。这种类似于聚苯乙烯的头骨内部结构帮助它能够轻松地在天空翱翔。

沙尼龙 (Shonisaurus)

沙尼龙是鱼龙的一种，从三叠纪晚期至白垩纪中期，它主宰了海洋。沙尼龙身长 15 米，看上去像是海豚和鲸鱼的杂交，体重可达 30 吨。沙尼龙的化石是在今天美国的内华达州发现的，曾经的汪洋大海已经变成了内陆。

帝鳄 (Sarcosuchus)

白垩纪的中期，也就是大约在 1.1 亿年前，帝鳄这一凶猛的捕食者生活在非洲的河流之中——就如今天的鳄鱼一样。帝鳄的体长是其现代近亲的两倍，体重则是其现代近亲的十倍。它的体长可达 12 米，体重在 10 吨至 15 吨之间。

大型草食性恐龙会生活在陆地上吗？

巨大的蜥脚类恐龙阿根廷龙（Argentinosaurus）是地球上有史以来体积最庞大的生物，但我们对它的了解究竟有多少？

在19世纪70年代到80年代的“化石战争”[1]期间，大量的化石被发现，科学界的化石储备量增长速度大大超过了我们对这一物种的认知速度。

大型的草食性恐龙被称作蜥脚类恐龙，这一类别包括梁龙、腕龙（Brachiosaurus）、迷惑龙（Apatosaurus）和阿根廷龙（Argentinosaurus）。在“化石战争”之前，我们发现的都是零碎的骨骼化石；但从“化石战争”开始，更完整的骨骼开始出土。这些生物体型巨大，重达十几吨，所以我们一直认为如果它们生活在陆地上的话，会难以支撑自己的体重；更可能的情形是它们生活在水中，靠水的浮力来解决体重问题。

而体重并非唯一的证据。英国自然历史博物馆（Natural History Museum）脊椎动物化石的主管——保罗·巴雷特（Paul Barrett）博士告诉我们：“这些恐龙四肢孱弱，不足以支撑它们的庞大身躯。除此之外，它们的牙齿不够坚硬，如果是在陆地上生活的话，很难想象它们能够用这

① 化石战争发生于19世纪后期，当时的两位著名古生物学家，爱德华·德林克·科普与奥塞内尔·查利斯·马什，互相竞争发现更多、更著名的新恐龙。这段激烈的竞争牵扯到贿赂、政治、美洲原住民领土的暴力事件，以及个人攻击行为。

这些恐龙的巨大体型让人们误以为它们无法在陆地上生存，因为没有水的浮力，它们很难支撑自己的体重。

最大的五种蜥脚类恐龙

从最重到最长，它们都是在地球上行走过的庞然大物。

梁龙（Diplodocus）

梁龙的完整骨架长25米，是迄今为止发现的体型最长的恐龙。这可能还不是梁龙的完全体型，科学家认为梁龙最长可长达35米。这五大恐龙中大部分都只出土了部分化石，仅有梁龙出土了完整的骨架。

南极龙（Antarctosaurus）

南极龙算不上是体型最长的恐龙，但它以33米的体长以及可能达到70吨的体重位列重量榜第一。我们对这种恐龙所知甚少，因为目前只发现了少量的化石，尽管这些化石体积很大，但实际上我们甚至无法确认它们是否是南极龙的化石。

双腔龙（Amphicoelias）

迄今为止，我们只发现了两块来自双腔龙的骨骼化石，其中包括一块长2.7米的椎骨；但这两块骨骼化石目前均已丢失。如果双腔龙真的存在的话，据估计，它们的体长大约为60米，体重约为111吨。

超龙（Supersaurus）

在出土的所有蜥脚类恐龙的遗骸中，超龙遗骸品相相对较好。据估计，超龙大约有34米长，40吨重。它生活在侏罗纪（Jurassic period）的最末期，跟其他恐龙相比，超龙的脖子格外的长。

长颈巨龙（Giraffatitan）

根据出土的完整骨架我们可以得知长颈巨龙是最高最重的蜥脚类恐龙——它可能有12米高，40吨重。我们发现的骨骼化石属于一只未成年的长颈巨龙，也就是说，它的成年体型有可能有14米高，26米长。

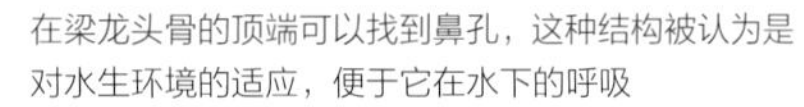
在梁龙头骨的顶端可以找到鼻孔，这种结构被认为是对水生环境的适应，便于它在水下的呼吸

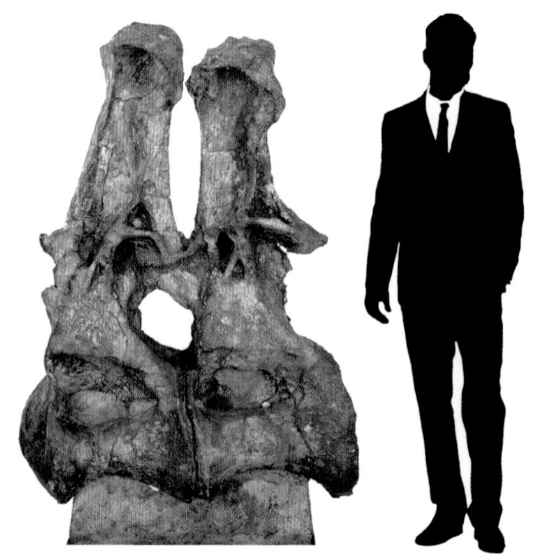
最大的蜥脚类恐龙的一节椎骨可能和一个成年人差不多高

样的牙齿吃下足够的食物。科学家认为它们也许是以池塘和湖泊里柔嫩多汁的水生植物为食，所以它们日常生活的大部分时间可能就是在水中游来游去。”

其他证据还包括：一些蜥脚类恐龙的骨头是中空的，这也许是为了增加浮力；它们鼻孔的位置也很不寻常，巴雷特博士这样说：“它们的鼻孔并不在鼻子的末端，而是位于更靠近头顶的位置。这样的话，当这些恐龙脚踏在河底的时候，鼻子还可以伸出水面，就如同潜水员的通气管一样。”

这样的看法持续了很多年的时间，主要是因为那时候的研究人员很难想象出，这样庞大体型的生物如何能够在陆地上生存。

20 世纪 60 年代和 70 年代，随着动物解剖学的进步，人们开始重新检视这一理论，并发现了这一广为传播的理论中最明显的基本认知错误。原来的理论认为蜥脚类恐龙大部分时间都在水中生活，站在河底，靠露出水面的脑袋进食和呼吸，但这样恐龙需要承受来自河水的巨大压力，根本就无法呼吸。

巴雷特博士告诉我们：“人们开始重新审视蜥脚类恐龙的解剖图，他们开始意识到恐龙的四肢和腰背非常健壮，足以支撑起自己的体重，使其能够在陆地上生活。”

之前被认为是证明蜥脚类恐龙为半水生动物的解剖学证据，经过更加仔细的逻辑推敲之后，有了截然相反的结果。比如说，蜥脚类恐龙的脚掌实际上是非常小巧的，不适合在柔软泥泞的河底或湖底行走。如果要在水中生活，它们需要更大的脚掌来分散体重的压力。

经过更多的调查研究，早期的很多结论被推翻了。巴雷特博士说：“我们最近的研究发现，蜥脚类恐龙的牙齿并不像我们从前以为的那样软弱无力，它们的牙齿应该足以咀嚼、咬碎很坚硬的植物。”

从前恐龙科学家普遍认定的事实被证明是谬误，实际上，尽管蜥脚类恐龙有着庞大的体型，但它们仍然是一种生活在陆地上的动物。

巴雷特博士这样解释：“蜥脚类恐龙的身体结构很像一座吊桥。它们像柱子一样的四肢支撑起整个身体；同时，长长的脊柱均匀分担了体重带来的巨大压力，强健的韧带将脊椎、肋骨、主体和腿部连接在一起。如果我们把恐龙的身体看作一个工程结构，那完全没有必要假设它们生活在水中——支撑自身体重对它们来说并不成问题。”

科学家认为蜥脚类恐龙也有可能

会到河边，甚至到水里去，但是这绝不是它们生活的重心。它们与河流湖泊的联系与大象相似，仅仅是在河湖边饮水嬉戏罢了，而这所花费的时间在它们的生命中几乎可以忽略。

很多发现蜥脚类恐龙化石的地方曾经的确是水域，但是这并不能说明它们是水生动物；这一系列事实仅仅揭露了化石记录的自然偏见：骨骼的化石在水域发现的可能性最高。巴雷特博士说："被掩埋在沉积地区的骨骼更容易形成化石，而河流湖泊是最常见的沉积物来源，所以当动物在河岸上死亡时，骨骼更可能被保留下来。"

我们在曾经是陆地的地区发现了蜥脚类恐龙的足迹，这就证明了它们在相当长的时间里是远离水域的。

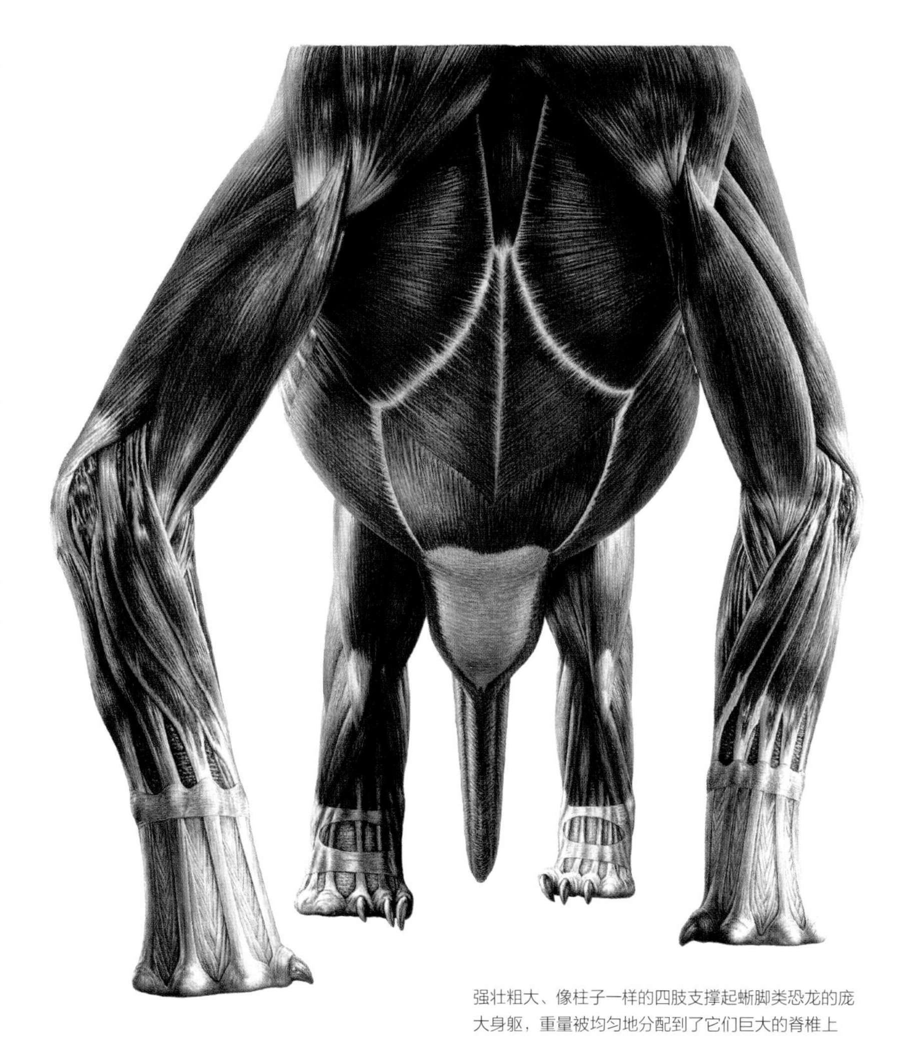

强壮粗大、像柱子一样的四肢支撑起蜥脚类恐龙的庞大身躯，重量被均匀地分配到了它们巨大的脊椎上

不会游泳的恐龙

据目前所知，除了蜥脚类恐龙以外，其他所有种类的恐龙也不会在水中花费太多的时间。著名的史前水生动物鱼龙（Ichthyosaur）和蛇颈龙（Plesiosaur）经常被与恐龙混为一谈，但实际上它们属于海生爬行动物，仅是恐龙的"远亲"。

巴雷特博士补充道："在长期的研究中，我们并没有在恐龙身上发现明显的适于游泳的进化，比如脚进化出蹼。"

随着我们得到的信息越来越丰富，我们对恐龙的认识也有了翻天覆地的变化。在有关恐龙是否生活在水中这一命题中，对化石的进一步研究让我们推翻了原来的结论，这证明科学的进步永无止境，那是否有可能在将来的某一天我们又会否定今天的论调？

巴雷特博士说："我认为现在的研究已经相对成熟：我们更加了解动物身体的力学；有了更多的蜥脚类恐龙标本；发现了陆地环境下的恐龙脚印；有很多证据表明恐龙的骨架结构可以很好地支撑自己，而缺乏证据支持蜥脚类恐龙是两栖动物的假设，所以有关一般恐龙的结论应该不会再反复了。"

但这一结论并不意味着世界上不存在水生的恐龙。巴雷特博士这样补充："我们平均每年要发现 50~60 种新恐龙，它们各自都有不同的生活习性，所以我们完全有可能会在某个地方发现潜藏已久的水生恐龙化石。"

马修·博尔顿
（Matthew Bolton）
科学记者
当他的个子才与恐爪龙[1]的肩膀齐高时，他就对古生物学产生了浓厚的兴趣。

① 恐爪龙的身高在 1~1.5 米。

恐龙食谱

有些恐龙体型庞大，但它们实际上却是素食主义者，今天就让我们来看看它们食谱上究竟有哪些植物。

尽管雷克斯暴龙（T. rex）和迅猛龙（Velociraptor）这些凶猛的肉食性恐龙占据了好莱坞电影的银幕，但实际上草食性恐龙比肉食性恐龙数量更多，个头也更大。有些蜥脚类恐龙，如侏罗纪晚期出现的梁龙（Diplodocus）、迷惑龙（Apatosaurus）和圆顶龙（Camarasaurus）在"有史以来体型最大"榜单上名列前茅，它们长着粗壮的长脖子，主要以植物为食。

据目前所知，世界上存在过大约230个属类的蜥脚类动物（sauropodomorphs），包括所有的蜥脚类恐龙和它们的原蜥脚下目（prosauropod）祖先，如在今天的南非发现的大椎龙（Massospondylus）和在欧洲发现的板龙（Plateosaurus）——这两个属类的恐龙均靠后肢行走；如剑龙（Stegosaurs）和甲龙（Ankylosaurs）之类的鸟臀目（ornithischians）恐龙有223种。与之相比，肉食性的兽脚亚目恐龙仅有324个属类，看起来确实是草食性恐龙占据了上风。

但肉食性恐龙正是由于数量少才成功存活了下来。英国自然历史博物馆脊椎动物和古生物学部门的主管保罗·巴雷特这样解释："一半以上的恐龙是草食性（herbivores）或者是杂食性（omnivores）的，从数量上来说，食素的恐龙比食肉的恐龙要多，这和今天的情况也差不多——斑马和牛羚的数量是狮子的几百倍。"

从三叠纪（Triassic）到侏罗纪（Jurassic）再到白垩纪（Cretaceous periods），恐龙在地球上生活了1.6亿年；而到目前为止，人类的存在时间仅有20万年左右。如果不是以食物链底端的植物为食，恐龙不可能成功度过这样漫长的岁月。在这一过程中，它们能够吃到的植物种类一直在变化。

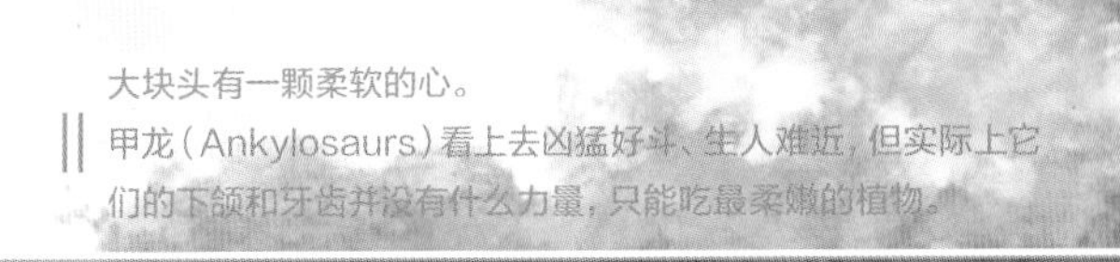

草食性恐龙的五大神奇进化

这些素食主义者都进化出了各自的“绝技”。

千颗牙

在所有的已知动物中，就属鸭嘴龙（Hadrosaurs）的牙齿装备最为复杂。相比其他几乎不用牙齿咀嚼的恐龙来说，它实在算得上“牙尖嘴利”。鸭嘴龙的牙齿由六种组织构成——比哺乳类动物的牙齿结构还多出两种。

手抓肉

耀龙（Epidexipteryx）是一种小型食肉恐龙，它们一生中大量的时间都花在爬树上。耀龙长有像现代指猴一样的细长手指，可以用手指从树干里掏虫吃。

换牙勤

尼日尔龙（Nigersaurus）的下颌有128颗可供使用的牙齿，这些牙齿朝外生长，每个月都会替换一次。在目前已知的所有动物中，尼日尔龙的牙齿汰换率是最高的。

牙防守

畸齿龙（Heterodontosaurus）是靠两只后足行走的小型恐龙，身上长有原始的管状羽毛。它们主要以植物为食，却长有大尖牙，科学家认为这是用于防御的；也有一说认为畸齿龙是杂食性恐龙，在素食之余，偶尔也吃肉。

变小鸟

繁盛的草食性恐龙一族终究还是没能在白垩纪第三纪的灭绝事件（Cretaceous-Paleogene）中存活下来；只有一类兽脚类的肉食恐龙得以延续血脉，演变成了现代的鸟类。这也许可以解释为何很多鸟类都是草食性的。

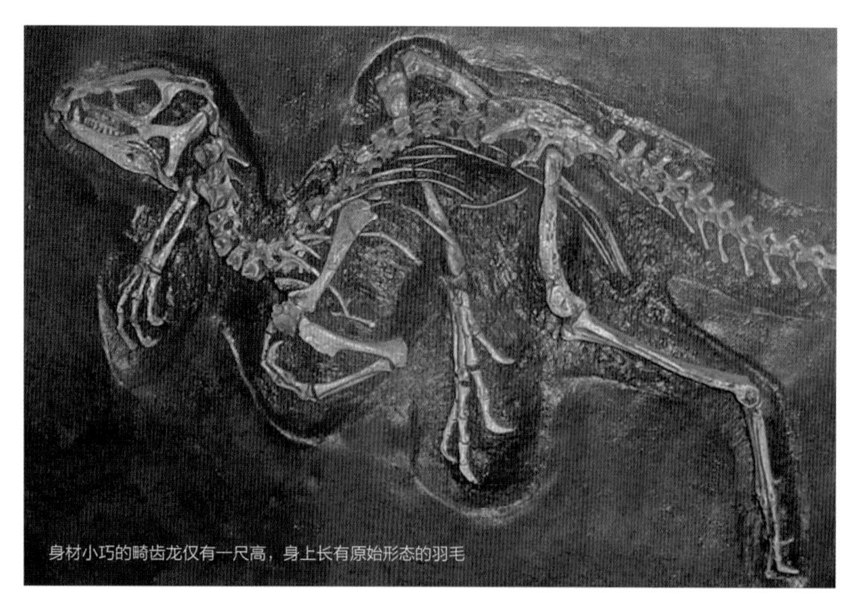
身材小巧的畸齿龙仅有一尺高，身上长有原始形态的羽毛

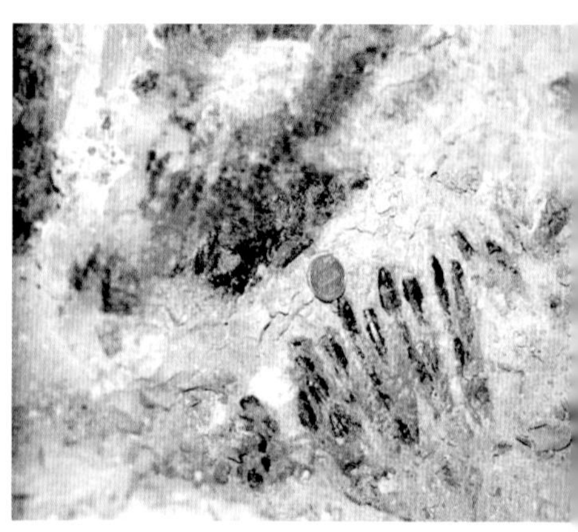
从图中的硬币可以看出雷龙头骨化石上的牙齿大小，原本整齐的牙齿在岁月的侵蚀中变得大小各异

植物始祖

巴雷特博士说："今天我们身边的大部分植物类群都起源于恐龙时代，尽管它们的重要程度发生了大洗牌。松柏科（conifers）和苏铁类（cycads）植物在今天的重要性已经远远不及它们在恐龙时代的地位了，而包括禾草在内的开花植物（flowering plants）成为了当今最必不可少的植物。"

恐龙时代，智利南美杉和罗汉松之类的松柏科植物主宰了森林。

在三叠纪的初期，不存在有花植物，也没有禾草。布里斯托大学（University of Bristol）的古生物学博士研究员戴维·巴顿（David Button）说："那时候的植物以蕨类（ferns）、石松类（clubmosses）和裸子植物（gymnosperms）为主，其下的分类包括苏铁类、松柏科和银杏科（ginkgos）。智利南美杉（monkey puzzle trees）和罗汉松（podocarps）之类的松柏科植物和蕨类一起，装点了整个恐龙时代。"

在侏罗纪后半期，被子植物（angiosperms），或者说有花植物的出现让当时世界的面貌发生了天翻地覆的改变。大多数被子植物都很矮小，像是长在开阔地带的灌木丛。我们今天常见的睡莲和木兰（即使不完全一样，至少是非常相似的类群）就是从那个时候开始出现的。尽管如此，在植物王国里，"当权"的还是裸子植物，与在白垩纪末期出现的禾草"平分天下"。

巴顿继续说道："最早的草类是在恐龙的粪化石中发现的。不过那个时候，禾草还是稀罕物，直到非鸟类恐龙（non-avian dinosaur）灭绝后4000万年草原才开始出现。所以在恐龙的食谱上，禾草估计不占什么地位。"

我们前面已经提到过，大型的蜥脚类恐龙，如阿根廷龙、阿拉莫龙（Alamosaurus）、普尔塔龙（Puertasaurus）和潮汐龙（Paralititan），是靠吃大量的食物才长这么大的。和肉类相比，植物的营养肯定要贫乏得多，但一直吃的话，这个缺点也就变得微不足道了——蜥脚类恐龙和今天的大型哺乳类动物都是这么做的。不过与大象和长颈鹿不同的是，蜥脚类恐龙的下巴和牙齿结构简单、软弱无力，根本不能咀嚼。

牙齿问题

大多数恐龙都长着一排整齐的牙齿，换牙速度非常快。这就意味着，哺乳动物牙齿上出现的复杂磨损特征不会出现在恐龙身上，所以恐龙的咀嚼能力非常低下；更关键的差异点在于恐龙没有左右移动下颌的肌肉。大部分恐龙的下颌都只能做上下运动，偶尔做做前后运动。

狼吞虎咽的进食方式让恐龙省去了大量的咀嚼时间，能够更快地吃掉大量的食物。恐龙的腹腔很大，头小脖子长，进食缓慢，这些特征都能让食物在胃里更好地发酵，帮助它们从低质量的植物中吸收更多的营养。庞大的体型还有另外一个好处：哪怕是最无畏的猎手，看到它们都会有些发怵。

就算是那些胃部相对较小的恐龙，如甲龙和剑龙，咀嚼能力也非常弱；但是白垩纪出现的两足行走的草食性鸟脚亚目恐龙（ornithopods）和角龙亚目恐龙（ceratopsians）已经开始进化出更加复杂的咀嚼结构。

巴顿是这样解释的：“哺乳类动物一般用臼齿来磨碎食物；鸟脚亚目恐龙和角龙亚目恐龙长有简单的小牙，而这些牙齿组合在一起形成波浪形的咀嚼面，其作用相当于臼齿。有些鸟脚亚目恐龙甚至可以左右咀嚼，不过这一动作的实现不是靠移动下颌，而是通过轻微地移动头盖上的骨头。”

跟其他的恐龙相比，畸齿龙（Heterodontosaurus）更像哺乳类动物。畸齿龙名字的意思为“牙齿形状各异的蜥蜴”，就如它的名字所提示的一样，它长有各种形状的牙齿，换牙速度也比其他的草食性恐龙要慢得多。据说它们的下颌能够左右移动，不过这种假说还未被证实。

巨大的阿根廷龙。这具阿根廷龙的骨架模型是基于找到的部分骨骼搭建重现的，已找到的一节椎骨长 1.59 米

如今的人类选择素食是一种时髦的行为。不管你相不相信，恐龙对植物的爱可比我们的素食主义者对沙拉三明治和豆腐的爱深沉多了。似鸟龙下目（ornithomimosaurs）和偷蛋龙下目（oviraptorosaurs）都是从肉食性恐龙变成“素食主义龙”的，即使不是全素，也至少是转变成了杂食性恐龙。从化石上我们可以看出来，这两种龙的牙齿随着时间慢慢退化脱落，变成了像鸵鸟一样的喙——实际上，它们的生活方式和鸵鸟也非常相近。同样的，镰刀龙（Therizinosaurs）和大熊猫一样，也是从无肉不欢转换到了几乎全素的食谱上去。镰刀龙头小有喙，牙齿也很小，却长着一对巨大的指爪，这是用来抓取和切碎树枝的。

早期的原蜥脚下目恐龙可能是杂食的，但是蜥脚类恐龙却完全不吃肉。有趣的是，目前我们还没有发现从草食性转化成肉食性的例证。不过据巴顿所说，随着时间的推移，畸齿龙慢慢对素食不那么热衷了，它们有可能最终变成了杂食性恐龙。

草食性恐龙的种类比人们想象中要丰富得多，它们为了更好地适应早期植物，进化出了一连串的身体特征。要不是有草食性恐龙的存在，好莱坞大片青睐的肉食性恐龙根本无法存活，而各种现代植物也就失去了发展的根基。今天，草食性恐龙已经从地球上消失了，它们是地球生物进化史上浓墨重彩的一页。

本 · 马克斯韦尔
（Ben Maxwell）
科学记者
在大学攻读的是理论物理，因为机缘巧合成为了一名电子游戏记者，他对科学的众多领域都有着浓厚的兴趣。

科学掠影

恐龙时代的精彩画面

草食性恐龙小知识

有些恐龙进化是为了保护自己。

与其他只吃植物的食草动物一样，很多种类的恐龙在地球上存活了几百万年，却从不捕食其他的生物，但它们也需要在残酷的自然环境下保护自己。有一些恐龙，如甲龙（Ankylosaurus）和优头甲龙（Euoplocephalus）就进化出了身体盔甲来保护自己。甲龙长有尾锤，而剑龙（Stegosaurus）在遇到捕食者的时候，背上的骨板会充血变色，以吓退敌人。有一些科学家认为，如梁龙之类的蜥脚类恐龙体型巨大的原因是它们以树叶和蕨类为食，需要更长的肠道来帮助消化。

大约有 65% 的恐龙是食草者，它们长有平而钝的牙齿帮助食用植被、磨碎植物纤维。有一些种类的草食性恐龙会通过吞咽石块来帮助消化。

恐龙追踪

电脑三维技术是怎样重现消逝已久的恐龙脚印的？

时光回溯到白垩纪初期，相互追逐的恐龙在得克萨斯州的一片河床上留下了脚印，这河名叫帕拉克西，是世界上最著名的古生物遗迹之一。从足迹可以辨认出，曾经有一群蜥脚类和至少是一只兽脚亚目恐龙在这里经过，这一切将肉食性恐龙捕食的场景生动地再现了出来——食肉的兽脚亚目恐龙沿着河床、循着草食的蜥脚类恐龙而来。化石收藏家在 1940 年发掘了这片河床，认为这些脚印说明在远古时期，兽脚亚目恐龙会尾随捕杀成群的蜥脚类恐龙。

发掘后期，河床被分割成块，送入不同的研究机构，仅有一部分被完好地保留了下来。所以目前唯一完整的记录是一组照片，总共 17 张，是当时伯德（Bird）拍摄的。在英国皇家兽医学院（Royal Veterinary College），彼得 · 弗金汉姆（Peter Falkingham）博士带领的团队运用摄影测量（photogrammetry）技术重建了这串脚印的三维模型。

原始资料的可用性不太理想，缺乏一些当时当地的细节，但是通过运用这项技术，弗金汉姆博士的团队已经证实在最初发掘时绘制的地图是不准确的。并且这一技术的运用在真正的遗迹已经散落的情况下，使一个重要的古生物学证据得以保留。

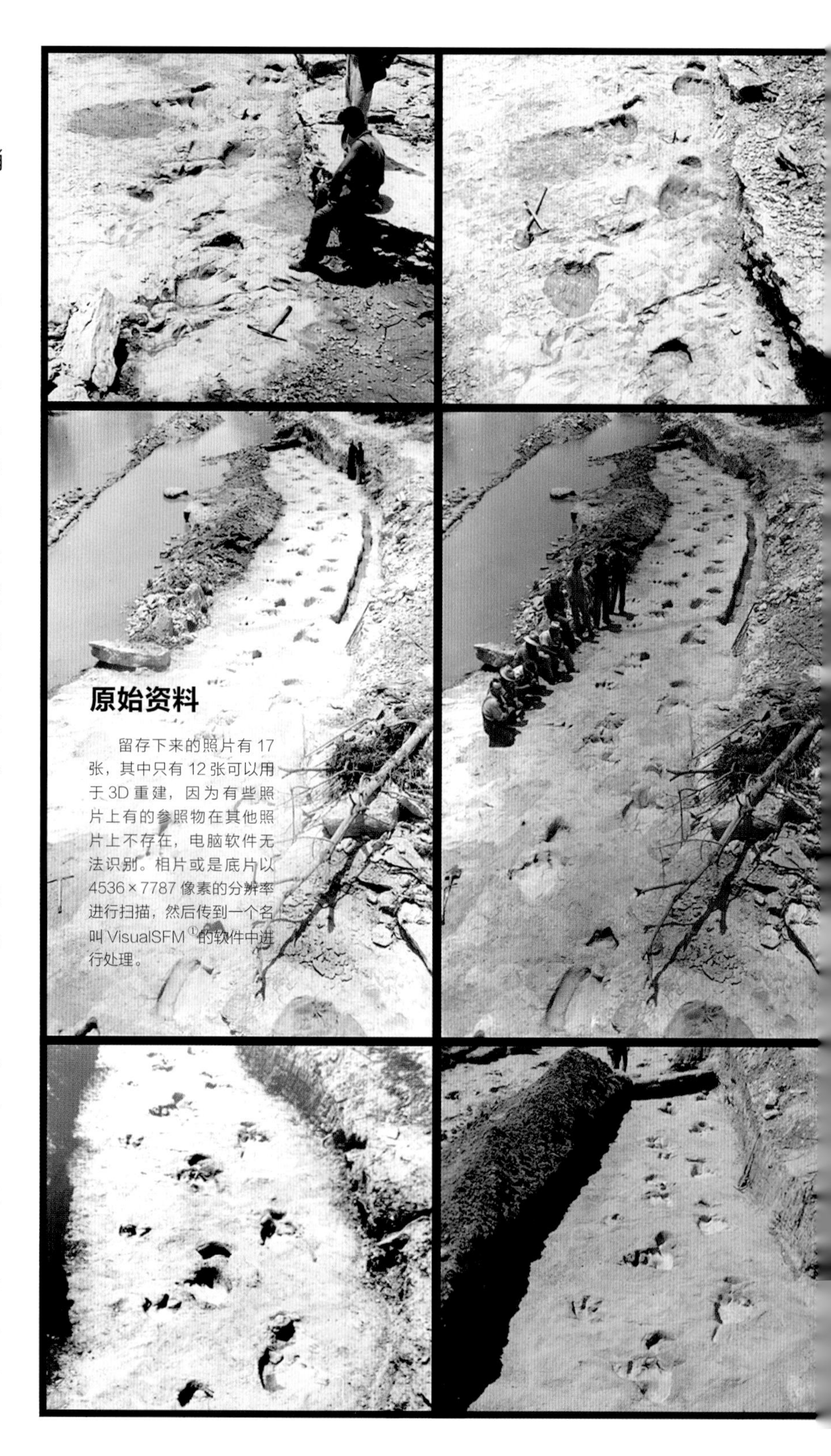

原始资料

留存下来的照片有 17 张，其中只有 12 张可以用于 3D 重建，因为有些照片上有的参照物在其他照片上不存在，电脑软件无法识别。相片或是底片以 4536 × 7787 像素的分辨率进行扫描，然后传到一个名叫 VisualSFM[1] 的软件中进行处理。

① 全称为 Visual Structure from Motion，运动中恢复结构，即拍摄多角度照片，还原立体结构。

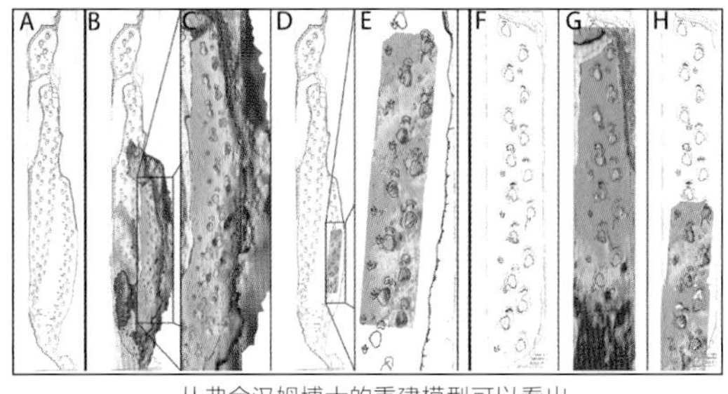

从弗金汉姆博士的重建模型可以看出，伯德最初绘制的地图有些地方不准确

摄影测量的原理

今天电脑的神通广大让摄影测量技术成为现实。只需装载运用特殊的软件（在今天的故事中我们运用的软件叫作 VisualSFM），电脑就可以分析一系列场景相同的照片，寻找每张图片之间的共同影响特征，自动建立三维模型。

不过，VisualSFM 只负责确定三维空间里的各个定点，科学家还需要利用其他一些算法来完成模型的建立。这就好比给你的手包上一条手绢，让手心朝上，微微握起；这时候你的指尖就代表了云端的一系列定点，手绢的功能则代表了软件的作用：将分散的点连接起来，形成一个连续的表面。

在三维模型的组建过程中，需要人工操作的地方还有很多，尤其是当原始资料的质量不佳时。弗金汉姆博士遇到的就是这种情况，这些模糊的老照片前后很不一致，人物和工具在图片里的位置完全不统一；更糟糕的是，因为这些照片基本是朝南拍摄的，所以很多北端脚印遗迹的细节没有办法在三维模型中还原。

摄影测量运用到的技术是无级比例尺[①]（scale-less method）。为了确定比例尺，弗金汉姆博士将已建立起的模型覆盖到原来伯德在 1940 年制作的图表以及留存下来的部分河床的激光扫描图上，由此建立起了新的三维模型。

克里斯托弗·菲恩

① 无级比例尺技术是以一个大比例尺空间数据为基础数据源，对一定区域内空间对象的信息量随比例尺变化自动增减，从而使得空间数据的压缩和复现与比例尺自适应的一种信息处理技术。

恐龙会迁徙吗？

体型庞大的恐龙会长途跋涉去寻找食物填饱肚子。

草食性恐龙，也叫作蜥脚类恐龙，是地球上存在过的最大的动物。它们长着长长的脖子，体型庞大，四肢粗壮。如果你到伦敦的自然历史博物馆参观的话，可以看到一具完整的骨架模型。一般来说，它们体长23米，体重20吨。有些科学家推测，恐龙之所以能长这么大是因为它们的牙齿无法咀嚼，它们必须把食物整个吞下去才能消化食物，获取足够多的能量，因而它们进化出了更大的胃，也就有了更庞大的身躯。有趣的是，恐龙看上去几乎完全一样的牙齿却能够给我们一些提示，让我们走近这种动物的生活，揭秘它们的行为举止。

哪儿是恐龙的远方

这样大胃口的生物如果只在一个地方生活的话，对于当地的植物来说可不是什么好事，一群恐龙能在很短的时间内把这个地方的植物啃食殆尽。

多年以来，很多科学家认为恐龙和鸟类或是大象之类的大型哺乳动物一样，会在地区之间迁徙，寻找新的食物，也给予所停留地区的植物一丝喘息的时间。但这个物种已经从地球上消失了数百万年，我们怎么才能找到它们迁徙的证据呢？

科罗拉多学院（Colorado College）的亨利·弗里克（Henry Fricke）教授带领的团队凭借专业的地质学知识，填补了古生物学家恐龙研究的空缺。如果要找到恐龙迁徙的证据，我们可以关注一下氧-18同位素——它比一般的氧原子要重，成分

圆顶龙小百科

关于北美蜥脚类恐龙你应该知道的五件事。

01. 发现的经过

爱德华·德林克·科普在1877年发现了圆顶龙。爱德华是一名古生物学家，在他的一生中，发现、描述并命名了超过1000种脊椎物种，其中包括鱼类和恐龙。马克·杰夫是这样形容他的："19世纪最招摇、最富创造力、最不切实际的古生物学家。"

02. 中空的骨骼

圆顶龙是北美洲最常见的大型蜥脚类恐龙，它生活在1.55亿年至1.45亿年前，它的名字——Camarasaurus的意思是"拱形腔体蜥蜴"，这是指它中空的脊柱。

03. 凸出的脊椎

与其他同等大小的蜥脚类恐龙相比，圆顶龙的脖子和尾巴都比较短；但它们有一点是相同的——靠近臀部的脊髓会有明显的增大。一开始，科学家认为这里是恐龙的第二大脑，因为这部分的腔体体积比恐龙的实际大脑还要大；但这一理论已经被推翻，因为在许多其他脊椎动物身上也发现了类似的增大。

04. 强壮的四肢

圆顶龙长着用于支撑自己庞大身躯的粗壮大腿，而且前腿比后腿略短；它的脚有五个脚趾，中趾比其他脚趾要大，上有长而锋利的爪子，主要用于保护自己。

05. 多余的石头

我们在圆顶龙化石的胃里发现了一些石块。因为现代很多的鸟类会通过吞食小石块来帮助消化，所以科学家推测恐龙可能也是这么做的；但是现在的普遍认知是这些石头是恐龙误食的。

就如同今天的食草类哺乳动物一样，恐龙也会成群地迁徙

组成中多了两个中子。我们把视线转到生活在北美洲的蜥脚类恐龙族群上来，尤其是圆顶龙一属。弗里克教授的团队发现低海拔区域的水源和植物中的氧 -18 同位素的含量都很高，而那些高原地带的水源和植物中的含量则较低。

此外，“在恐龙的一生中，它们会像鳄鱼和鲨鱼一样经常换牙，频率大概是几个月一次”，弗里克教授这样解释，所以恐龙消化吸收的营养会用于牙齿的生长。如果恐龙吃的食物和饮用的水源富含氧 -18 同位素的话，它们的牙釉质中就会包含更多的该元素，这就为我们有关恐龙的饮食的研究提供了重要的线索。

谜底由此揭开。他们分析的牙齿化石来自犹他州（Utah）的国家恐龙化石保护区（Dinosaur National Monument）以及怀俄明州（Wyoming）的瑟莫波利斯（Thermopolis），而这些化石是在低海拔地区发现的。大部分的牙齿都磨损严重，牙釉质仅有一两个月的生长时间；幸好有些牙齿表面有五个月左右的釉质，这给弗里克教授的团队提供了很好的分析材料。

研究发现牙齿化石里的同位素含量与它们所处的环境并不相符，这就意味着这些恐龙在牙齿生长过程中所待的地方和它们最后死亡的地点并不一致。根据团队的地质学知识判断，他们认为这些圆顶龙至少在 300 千米以外的高原生活过一段时间。

在同一个地方死去的动物的牙齿不一定含有同等水平的氧 -18 同位素，因为它们可能并非在同一个时间段死亡，所以这并不奇怪。遗憾的是还没有在高原地区发现恐龙的化石，所以无法进行对比研究。这也在意料之中，因为时光会侵蚀掉高原上恐龙存在过的痕迹。

两颗圆顶龙的牙齿化石

尽管如此，牙齿化石中氧 -18 同位素的含量与周边环境不符已经成为恐龙迁徙寻找食物的一个真实凭证。

迁徙的理由

是什么让这些大型食草动物放弃了安逸的生活，非要“四处搬迁”？弗里克教授这样解释：“迁徙主要是环境因素引起的：在侏罗纪时期的北美洲，在低海拔地区可能会出现季节性干旱，这让草食性恐龙不得不迁徙到海拔更高的湿润地区；寻找源源不断的植物来填饱肚子也可能是迁徙的部分原因；也有可能是因为这样的庞然大物，有着 3 米的大长腿，它们走 100 千米可比别的小动物容易多了，它们迁徙起来特别有效率，只停留在一个地方未免可惜了。”

那么所有的草食性恐龙都会迁徙吗？对于这个问题，弗里克教授大笑出声，他说：“只有到我们把它们都研究遍了之后才有答案。如果让我做个大胆的猜测的话，我认为可能只有生活在干燥地区的大型动物才有迁徙的习惯，也就是像今天的哺乳动物一样。”

不管是过去还是现在，食草动物群后总是跟着捕食者，这是很难避免的。不过，那些捕食圆顶龙的猎手，究竟是只在一个地区捕猎，还是会跟着圆顶龙的迁徙从低地追踪到高原？

弗里克教授说：“这个问题问得好。如果要回答这个问题，我们首先要对这些捕食者和草食动物本身进行化学分析。我们有一些初始数据，是来自于侏罗纪时期的兽脚亚目恐龙化石，它们和蜥脚类恐龙的化石一起被发现，看上去捕食者确实会尾随草食性恐龙而迁徙。”

这一研究是具有开创性意义的，证明了蜥脚类恐龙确实会迁徙很长的距离来寻找食物；但以现有的证据并不足以判断这种迁徙是季节性的，也无从证明它们过着逐水草而居的生活。弗里克教授承认：“要得到一个确切的答案是很困难的，因为我们的线索来源是恐龙的牙齿，但这一线索太微小了，仅能让我们窥见恐龙生活习性的一角。因而，我们能研究的仅仅是恐龙迁徙生活中的最后一段时光，而并非是长期的习惯模式。”

在时光中回溯

试想，一群体重 20 吨的生物长途跋涉几百千米，沿途啃食树叶和灌木（在蜥脚类恐龙“一统天下”的时代，草类还没有出现），身后跟着伺机而动的捕食者，这场景一定格外震撼。这就像是看着塞伦盖蒂平原（Serengeti）上狮子尾随着牛羚，不过两者的体型都翻了好几番。不仅我们人类无缘看到这一景象，就算是我们哺乳动物的鼻祖都还未登上当时的历史舞台。

不过更神奇的是，这些恐龙自己也不知道它们在不同地方吃过的不同食物会让它们迁徙的习性显露于人类面前，而这一切都源于它们牙齿上长出的那层薄薄的釉质。

史蒂夫 · 帕里斯
（Steve Paris）
科学作家
拥有应用生物学的硕士学位，对天文学、考古学和计算机科学也有着浓厚的兴趣。

你问我答

运用激光扫描技术，塞勒斯博士架起了阿根廷龙的数字仿真模型

比尔·塞勒斯博士的问答时间

曼彻斯特大学的研究人员成功运用计算机模型模拟出了这些巨型恐龙可能的行动方式，他们是如何做到的？

问：如果要弄明白阿根廷龙是怎样行动的，你们需要哪些信息？

答：在卡门菲耐斯市立博物馆有一座阿根廷龙的全尺寸骨架，我们需要一台激光扫描仪来根据这座骨架建立起数字模型。通常扫描仪录入的只是脊椎化石的信息，我们并不了解相关动物的具体肌肉组成，所以这会对预测结果造成很大的影响。为了消除这一不准确因素的影响，我们一般采用恐龙的现代近亲的信息来进行推测。

问：为何计算机模型成为了最佳解决方案？

答：计算机模型能够帮助我们整合来自各个渠道的信息。我们既可以使用来自于化石骨骼的有关于恐龙形状大小的数据，又可以借鉴现代动物的肌肉和关节的活动信息。有了这些数据和信息，我们可以制作出一个数字仿真恐龙，来模拟恐龙究竟是如何行动的。

问：你们发现了什么？

答：我们按照比例放大了肌肉，使之能与阿根廷龙的庞大体型相匹配，但我们发现只有当关节的活动范围非常局限的时候，它的肌肉骨骼才不会被自己的体重压垮。阿根廷龙的行走相当有力，但却无法做出其他灵活的动作。我们的仿真模型的行走速度最高可以达到每秒2米，不过这就是它们速度的极限了。

问：这种生物适宜在哪种环境下生存呢？

答：因为阿根廷龙的运动灵活度很低，所以我们认为它们更适宜在平原生活。沼泽地也是个不错的选择：尽管阿根廷龙的体型庞大，但它巨大的脚掌分摊了体重的压力，再加上它们的大长腿，在沼泽地的浅滩生活完全不成问题。如果是山地环境的话，它们的日子就不会太好过了。

阿根廷龙的大长腿让它们能够轻松驾驭沼泽地的浅滩。

比尔·塞勒斯（Bill Sellers）
博士
计算型灵长类动物专家，运用数字技术研究解剖学和生物力学。

蜥脚类恐龙一直以来被认为生活在水里，这种观点现在被推翻了

大型蜥脚类恐龙不需要游泳，它们能够蹚过大河。

保罗·巴雷特博士的问答时间

问：我们借鉴了哪些生物的数据来研究恐龙的生活习性？

答：大象之类的动物是最好的参照物，当然也包括一些已经灭绝的大型哺乳动物，像最大的陆地哺乳动物——板齿犀，这些动物也许会偶尔涉水，但并不是水生或是两栖动物。就拿大象来说，它们是陆生动物，大部分的时间都在陆地上生活，只是偶尔会渡河，或是下水游个泳。

问：那么恐龙会不会游泳呢？

答：这个问题的答案并不是很确定。有些人认为恐龙会游泳；但是它们拥有如此庞大的体型，除非水域特别大、特别深，它们并不需要游泳，只要蹚过大河或是沿着湖边走就好了。

问：如果存在大部分时间都生活在水中的恐龙，那么它们的化石是什么样子的？

答：水生动物的骨骼有一些固定的特征，像是四肢进化出利于游泳的助推器官（propulsionary organs）。对于全水栖生活来说，这些适应性的变化都是必要的。这些特征我们也可以在海龟、鱼类、海豚之类的动物身上找到。

保罗·巴雷特（Paul Barrett）博士

英国自然历史博物馆脊椎化石的主管。

埃德蒙顿龙（Edmontosaurus）的骨架，埃德蒙顿龙是鸭嘴龙的一种

戴维·巴顿博士的问答时间

看上去，恐龙肚子里的石头很有可能是误食的，或者是恐龙想通过吃石头来补充矿物质。

问：我们对于草食性恐龙的了解还停留在过去，最近的研究有什么突破性的新发现吗？

答：我们一直认为蜥脚类和剑龙之类的恐龙体腔里光滑圆润的胃石（gastroliths）是它们特意吃下，在胃磨（gastric mill）里用于帮助磨碎食物的；但是鸵鸟用于帮助消化的胃石的表面并不是光滑的，而是有磨损的。此外，在蜥脚类恐龙的骨架里发现的石头重量很小，远不及恐龙体重的0.1%；但一般鸟类的胃石大概要占身体重量的1%。看起来，恐龙肚子里的石头很有可能是误食的，或者是恐龙想通过吃石头来补充矿物质。

问：鸟脚亚目恐龙怎么咀嚼呢？

答：埃德蒙顿龙之类的鸭嘴龙用于磨碎食物的齿面结构复杂，最多可达一千颗的细小简单的牙齿组合在一起，像一颗巨大的臼齿，磨损情况也与臼齿类似。鸭嘴龙脸部的骨骼可以小范围移动——类似蛇的头骨运动（cranial kinesis），不过更加细微一些。因而，它们长着牙齿的上颌骨头可以向外旋转，带动上齿与下齿摩擦，进行咀嚼，这种咀嚼方式的学名叫作侧向位移（pleurokinesis）。

戴维·巴顿（David Button）博士
英国布里斯托大学古生物学博士研究员。

弗里克教授发现蜥脚类恐龙的牙釉质特点是揭示恐龙行踪的重要线索

亨利·弗里克教授的问答时间

一个地质学教授是怎么开始研究恐龙迁徙的？

问：您是一名地质学教授，怎么会开始对恐龙生理学感兴趣呢？

答：在研究方向上，我一直都不爱走寻常路。对恐龙的兴趣起源于一个夏天，在一次会议上我遇上了大学时代的朋友，他邀请我一起去蒙大拿州（Montana）采集恐龙化石。与他一起坐在篝火旁，我了解到世界上有关于恐龙竟然还有那么多未解之谜，也就是从那一刻开始我对恐龙着了迷。”

关于恐龙竟然还有这么多未解之谜，也就是从那一刻开始我对恐龙着了迷。

问：哪些证据表明恐龙是一种迁徙动物？

答：古生物学家在学术领域取得了很大的进展，我们的发现也离不开他们的帮助。根据对现代相似物种以及发现的化石的研究，一直有假设认为大型的恐龙也许会进行迁徙。我的目标是运用地球化学工具来证实这一假设，把地球化学工具运用到古生物学领域确实是头一遭。

问：那你们是怎么发现这些证据的呢？

答：一开始，为了研究蜥脚类恐龙食物的生态位划分，我们从它们的牙齿上收集化学数据。刚拿到这些数据的时候，我们研究不出头绪来，因为它们反映出来的饮食习惯与当地的岩石条件和地理环境完全不匹配；于是我们开始思考这背后是否有其他的原因，比如说——迁徙。所以说，我们找到这个答案也不是一帆风顺的。

亨利·弗里克（Henry Fricke）美国科罗拉多学院教授。

32

68

34

44

2 肉食性恐龙

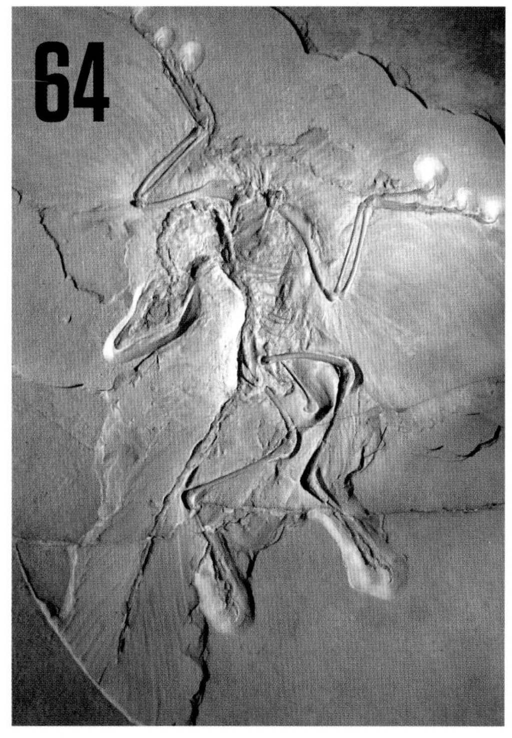

侏罗纪时期的真正王者

科学家最近才发现，在著名的雷克斯暴龙出现前几百万年，格尼蛮龙才是侏罗纪时期欧洲大陆的主宰者。

尽管雷克斯暴龙在《侏罗纪公园》里进行了精彩的演出，但是实际上它并没有生活在侏罗纪时期（约2亿年至1.45亿年前），而是直到白垩纪末期（约6800万至6600万年前）才出现在这个星球上。侏罗纪时期当然也有属于自己的一群令人瞩目称奇的肉食性恐龙；不过之前，科学家都没有发现欧洲大陆上有任何与雷克斯暴龙体型相当的恐龙，直到一块上颌骨的出现打破了这一偏见。这块上颌骨来自于在葡萄牙发现的一种大型捕猎者，最开始被命名为谭氏蛮龙（Torvosaurus tanneri）。2014年，经过广泛的研究，来自葡萄牙里斯本新大学（Universidade Nova de Lisboa）的克里斯托夫·亨德里克斯（Christophe Hendrickx）和奥克塔维奥·马特乌斯（Octavio Mateus）两名科学家宣布这是一种全新的恐龙，并把它命名为格尼蛮龙（Torvosaurus gurneyi）。这种大型肉食性恐龙是雷克斯暴龙的先辈，1.5亿年前，它就在葡萄牙的大地上漫步了。

格尼蛮龙身长 10 米，体重可达 5 吨，人类在它面前看上去就像是小矮人

也许它们有着不同的肤色和眸色，不过这纯粹是个猜测而已。

一家人

格尼蛮龙看上去和雷克斯暴龙实在是太相像了，只有头骨和前肢有些形态上的差别——这说明它们可能有着不同的猎杀技巧。雷克斯暴龙有着大而宽的头骨，牙齿呈香蕉状，前肢和爪子倒是相对较小；而格尼蛮龙的脑袋长而窄，牙齿呈刀锋状，前肢大而有力，有着巨大的爪子。因而后者可以用前爪砍杀猎物，而前者做不到；雷克斯暴龙采取了一击毙命以外的策略，即撕咬或是猛击猎物，咬下一块血肉来，然后等待猎物流血致死。

格尼蛮龙可以被认为是雷克斯暴龙更原始的远亲，它们同属于兽脚亚目，不过前者是斑龙类恐龙，后者是暴龙类家族的一员。暴龙类出现的时间更晚——大概是在白垩纪末期。因而，在雷克斯暴龙出生的时候，格尼蛮龙已经成了化石。

亨德里克斯解释道："非常有趣的是，这两种兽脚亚目恐龙之间差了 8000 万年的历史，而人类和雷克斯暴龙之间只相隔了 6500 万年。我们和雷克斯暴龙的时间距离可比格尼蛮龙与雷克斯暴龙近不少！"

格尼蛮龙的化石是在距葡萄牙洛里尼扬北部几千米远的大西洋海岸的悬崖上被发现的。尽管只找到了几块骨骼，但已经足以证明这是一种全新的恐龙了。

亨德里克斯指出："我们的标本重建依赖于古生物学的一个基本方法——比较解剖学。通过这项科学，我们用一块骨头就能够了解有机体的解剖学和形态学特征。我们把上颌骨与许多兽脚亚目恐龙的上颌骨进行比较，发现它与蛮龙的骨骼有着惊人的相似之处。因而毫无疑问，在葡萄牙新发现的上颌骨属于蛮龙。"

谭氏蛮龙生活在北美洲地区，这就意味着这两种恐龙在被大西洋分隔开来以前，曾经有过共同的祖先。大陆块分开以后，物种形成的机制开始

格尼蛮龙有着大而有力的前肢，可以用来捕杀猎物

起作用，因而新的欧洲物种必须继续进化以适应不同的生活环境。

亨德里克斯说："因而格尼蛮龙身体和大部分头部的解剖学主要是基于谭氏蛮龙的，除了一些已知的在上颌骨牙齿数量和上颚的差异。更多化石骨骼的发现可以帮助我们更好地了解格尼蛮龙解剖结构，不过这种动物的形态学和谭氏蛮龙是非常相近的。也许这两种恐龙有着肤色和眸色的差异，不过这仅仅是猜测，因为我们对兽脚亚目恐龙的肤色、眸色一无所知。"

格尼蛮龙的上颌骨长度至少有62厘米，说明这种恐龙的体型非常大，很有可能占据了当时食物链的顶端。根据其他兽脚亚目恐龙的上颌骨和头骨的长度比，亨德里克斯和马特乌斯估算出格尼蛮龙的头骨的长度大约为115厘米，体长约10米，体重有4~5吨。当然，这就意味着格尼蛮龙的体型远远不及顶级巨兽鲨齿龙（Carcharodontosaurus）和巨兽龙（Giganotosaurus）；不过它和来自白垩纪的惧龙（Daspletosaurus）、蛇发女怪龙（Gorgosaurus）以及特暴龙（Tarbosaurus）之类的暴龙科恐龙体型倒是相近。根据亨德里克斯和马特乌斯的数据，我们可以确定格尼蛮龙代表了侏罗纪时期最大的陆地捕食者之一；同时，它也是欧洲大陆到目前为止最大的陆地捕食者。

谁在名字里?

"尽管格尼蛮龙的化石并非我自己发现的，但是描绘和命名这种新恐龙让我一直以来的梦想成真了，"亨德里克斯解释道，"我从6岁开始就对恐龙深深着迷了，而且从小就决定成为一名研究恐龙的古生物学家。这就是我现在在做的事情，而给恐龙命名就是我儿时的梦想。作为一个30岁的男人，给欧洲最大的陆地捕食者命名依然让我兴奋不已，希望我能在未来的职业生涯里发现更多的精彩。"

"格尼"这个名字实际上是为

北美与欧洲物种的差异

尽管在北美洲也发现了类似的恐龙（谭氏蛮龙），不过有理由相信在葡萄牙发现的是一种全新的恐龙。克里斯托夫·亨德里克斯解释道："格尼蛮龙和谭氏蛮龙是姊妹群类，它们都来自同一个属，就像是狮子和猎豹，尽管它们都来自豹属（Panthera），但它们仍然是不同的物种。"

这两个物种之间的解剖学差异很小，只不过格尼蛮龙会比谭氏蛮龙少几颗牙齿；它们的头骨和身体形态学也非常相似，亨德里克斯提出它们很有可能有眸色和肤色的差异，不过他说："我们并没有证据说明这些恐龙的颜色，所以这仅仅是一个假设。"

博洛尼亚卡佩利尼博物馆（Museo Capellini di Bologna）的谭氏蛮龙化石

了向《恐龙帝国》系列奇幻小说的作者和插画师詹姆斯·格尼(James Gurney)致敬。"这个系列的第一本书，《时空之外的大陆》（*A Land Apart from Time*），是我在南非的阿姨给我的 10 岁生日礼物。书里描绘的人与恐龙和平共处的乌托邦世界让我着迷了，"亨德里克斯说，"因而我想要向他致敬，因为他不仅是一名优秀的古生物艺术家，更是一个聪明慷慨的人，以及一名出色的世界艺术讲师。"

格尼蛮龙生活的侏罗纪启莫里期（Kimmeridgian）结束以前，洛里尼扬地区的情况和今天完全不同。那时候，那里到处都是蜿蜒的河流，郁郁葱葱的森林里满是松柏、银杏和蕨类植物，植物群丰富。天气炎热，季节在干湿之间交替。这时候的欧洲与北美洲是分开的，是由一系列的小岛屿组成的，这就导致很多物种都会进化得越来越小（这个进化过程在当时的很多岛屿上都有发现）。比方说，这一进化过程就产生了欧罗巴龙（Europasaurus）这种生活在启莫里期德国的矮小恐龙。当时，洛里尼扬地区是一个比如今德国所在地区大得多的岛屿，这种相对较大的空间进化出了更大的恐龙。

生活在这片古老土地上的格尼蛮龙究竟是怎样生活的？又会捕食怎样的猎物？这样的猜想总是妙趣横生。

亨德里克斯解释："当时的环境基本上属于热带，动物种群丰富，有草食性恐龙也有肉食性恐龙。当时处于支配地位的有翼龙、鳄目、龟和小型哺乳动物。"

处于水源植被丰富的环境之下意味着格尼蛮龙可以捕食的食草动物很多，比如说龙爪龙（Draconyx loureiroi）。龙爪龙是一种鸟脚亚目恐龙，属于两足食草动物，同类比较出名的成员是禽龙。那时也生活着名叫龙胄龙 (Dracopelta zbyszewskii) 的身披重甲的小型甲龙，和名叫米拉

"格尼蛮龙" 这一名字是为了向《恐龙帝国》系列奇幻小说的作者和插画师——詹姆斯·格尼致敬。

侏罗纪时期的葡萄牙栖息地可能看上去与今天完全不同

恐龙悬崖

引人注目的格尼蛮龙化石就是在葡萄牙海岸的这片悬崖上被发现的。

在大西洋边的一处悬崖上，人们发现了格尼蛮龙的化石。这片悬崖位于洛里尼扬北部不远，距离里斯本（Lisbon）仅70千米。恐龙悬崖也包括一片狭窄的海滩，海滩上散布着悬崖上落下的、被风蚀的岩石，有些石块里仍有着骨骼化石的碎片。悬崖有30米高，非常陡峭，发现化石的岩石是由砂岩和泥岩构成的。尽管只找到了几块骨骼化石，这已经足够让克里斯托夫·亨德里克斯和奥克塔维奥·马特乌斯两名科学家下定论，宣布他们发现了一种全新的恐龙。

克里斯托夫·亨德里克斯（左）和奥克塔维奥·马特乌斯

加亚龙（Miragaia longicollum）的长脖子的剑龙。米拉加亚龙身长6米，对于饥饿的格尼蛮龙来说是再合适不过的食物了。同时，也不要忘了真正的大型猎物——长脖子的蜥脚类恐龙，它们也生活在侏罗纪时期的欧洲地区。

实际上，和格尼蛮龙同一个时代生活的、数量巨大的食草动物可能是这种恐龙长得如此巨大的主要原因。有了这么多种类的猎物可供选择，这一地区足以养活几种大型肉食性物种。别忘了，格尼蛮龙可不是当时唯一的大型捕食者，欧洲的典型恐龙异龙（Allosaurus）同样也在当时称霸。这一片地区就像是今天的塞伦盖蒂平原，狮子、猎豹以及黑斑鬣犬（spotted hyenas）等几种大型捕食者生活在同一区域，占据了不同的生态位置。

不过，关于格尼蛮龙，我们还有几个问题没有弄明白。为什么这一捕食者最后没落了？为什么在白垩纪时期变成了暴龙来引领整个食物链？这些问题仍然还是谜。无论如何，需要记住的是，格尼蛮龙是欧洲目前已知的最大捕食者。葡萄牙的神秘恐龙悬崖上还有什么秘密等着我们发掘呢？下一项发现又会打破怎样的化石纪录？让我们拭目以待。

能给欧洲最大的陆地捕食者命名让我兴奋不已。

格雷厄姆·巴洛
（Graham Barlow）
科学记者
格雷厄姆的专业领域是计算机科学，但他对考古学和古生物学一直抱有浓厚的兴趣。

复原杀手龙

科学家可以依据找到的化石拼凑出恐龙的完整形象。

相比身体其他部位的骨骼，上颌骨能够提供的信息最为丰富，因而对它的判断价值对于古生物学家来说非常有意义。现在让我们随着图片一起走近恐龙重建，看看究竟怎么能通过一块上颌骨化石复原恐龙整个头骨的复制模型。

化石原型

2003 年，荷兰业余古生物学家阿尔特・瓦伦（Aart Walen）发现了格尼蛮龙的上颌骨化石，左图就是这一块化石。一些后来发现的上颌骨并没有被拍摄进来。

上颌骨修复

从左图可以看到，化石周围的石块都已经被剥离。格尼蛮龙刀锋般的牙齿可以轻易撕下猎物的肉。在恐龙的全身骨骼中，上颌骨的大小最能揭示其体型大小。

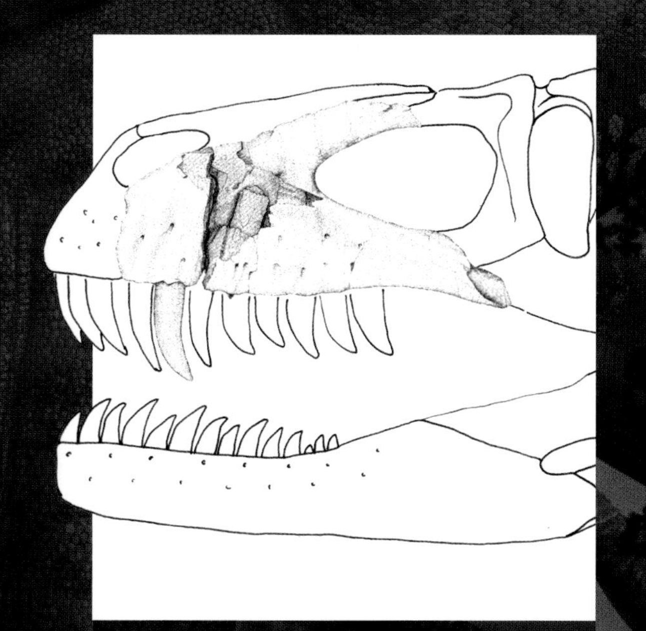

格尼蛮龙头骨

这是格尼蛮龙头骨复原的侧视图，从图中可以看出化石原型上左侧的上颌骨是不完整的。这一图片精确地显示出了骨骼完整时格尼蛮龙的上颌骨是在怎样的位置上。

格尼蛮龙牙齿

这些零散的牙齿化石是在葡萄牙洛里尼扬地区的悬崖上找到的。格尼蛮龙刀锋状的牙齿和它的远亲雷克斯暴龙的牙齿完全不同。雷克斯暴龙生活在其几百万年之后的白垩纪初期。

头骨复原

这是基于上颌骨化石复原的格尼蛮龙头骨模型，复原的过程借鉴了类似的兽脚亚目恐龙的数据（如北美洲的谭氏蛮龙）。在格尼蛮龙被正式命名以前，葡萄牙的卢连雅博物馆就已经制造出了这一复原模型。

科学掠影

恐龙时代的精彩画面

华丽羽暴龙（Yutyrannus huali）生活在白垩纪早期的中国东北部地区。在中国辽宁省的岩层中发现了三块华丽羽暴龙的化石。

华丽羽暴龙

这是一种新近发现的长有羽毛的暴龙。

华丽羽暴龙（Yutyrannus huali）体长大约为 9 米，体重超过 1.3 吨。虽然它并没有天下闻名的霸王龙那么体型庞大，但是它有一个独特的特征——羽毛。这种恐龙是在中国的义县地层发现的，出土的有十几件保存完好的恐龙骨骼化石以及一些羽毛的印记。这些羽毛有可能是用于求偶中的性选择，更加艳丽斑斓的羽毛可以吸引异性交配。华丽羽暴龙改变了我们对恐龙的看法，我们从前在电视或是绘画上看到的恐龙都是身披鳞甲的，但是现在有些科学家指出大部分的恐龙可能都是有羽毛的。

巴拉乌尔·邦多克龙（Balaur bondoc）被译为“肌肉龙”。
因为巴拉乌尔·邦多克龙的肌肉比相近的其他恐龙都要强壮得多。

侏儒恐龙

并不是所有的恐龙都是庞然大物，实际上，有一些大型的陆地恐龙进化出了“迷你”体型。为什么会这样呢？这样的进化又能带来什么好处？

各种各样的恐龙体型也不同，从双层巴士一样的庞然巨兽，到和家鸡一样大小的兽脚亚目恐龙。有些恐龙因为体型格外巨大而著名，如腕龙和梁龙。这些长尾巴长脖子的草食性恐龙的体型大得吓人，体重也很重；不过有些蜥脚类恐龙却进化成了体长3米的“迷你”版。

不仅蜥脚类恐龙进化出了“迷你”版本，其他种类的恐龙中也出现了这一现象。例如，达拉斯（Dallas）的佩罗自然科学博物馆发现的一种新暴龙，在7210万年至6600万年前的马斯特里赫特期（Maastrichtian age），这种恐龙曾经生活在美国阿拉斯加北部的北极地区，被正式命名为豪氏白熊龙（Nanuqsaurus hoglundi）。豪氏白熊龙是被发现的第一种侏儒恐龙，身高2米——大约只有表亲霸王龙身高的一半。

侏儒恐龙

佩罗自然科学博物馆的馆长安东尼·R. 菲奥里洛（Anthony R. Fiorillo）博士是一名恐龙专家，也是豪氏白熊龙的发现者之一，我们询问了他为什么恐龙中会出现侏儒？当时的它们生活的环境又是如何？菲奥里洛解释道：“侏儒化可能以很多种形式出现。在豪氏白熊龙这个例子中，我们的推测是这样的：由于它是一种大型的北极捕食者，生活在季节性极强的环境中，这样的气候特征可能会导致一年中食物量出现陡然变化。为

森林翼龙(Nemicolopterus)是体型最小的翼龙。它的翼展大约为25厘米，不过这只是幼体的大小。

就算是在现代，生活在孤岛上的肉食动物也会进化出更小的体型。

五只小恐龙

恐龙中的侏儒出现并非是偶然现象，科学家已经发现了多种比“近亲”体型更小的恐龙。

豪氏白熊龙

迎面走来的小小龙方阵中领队的是豪氏白熊龙，这种小型暴龙是最近在英国阿拉斯加北部的地区被发现的。它的头骨仅有 63 厘米长，而霸王龙的则有 152 厘米。尽管体型较小，豪氏白熊龙却有暴龙家族该有的一切特征。

欧罗巴龙

欧罗巴龙生活在侏罗纪晚期的德国地区。身长 6 米的欧罗巴龙仅有它的大个子近亲一小半大，它可能是典型的由于有限的生存资源而进化出较小的体型的蜥脚类恐龙。

马扎尔龙

马扎尔龙生活在约 7000 万年前白垩纪晚期的罗马尼亚哈采格岛（Hateg Island）。这座岛屿上包含了多种恐龙侏儒化的例证。和欧罗巴龙一样，马扎尔龙的身长也只有 6 米。

沼泽龙

沼泽龙是一种鸭嘴龙，生活在罗马尼亚哈采格岛上，身长约 5 米——这要比一般体长为 7~9 米的其他鸭嘴龙要小得多。

巴拉乌尔 · 邦多克龙

巴拉乌尔 · 邦多克龙有些与众不同。这种恐龙身高仅 0.5 米，体长 2 米，长尾巴有羽毛，每只脚上长有两个爪子。看上去巴拉乌尔 · 邦多克龙完全可以捕杀比它体型大很多的猎物，尤其是考虑到这种恐龙结群捕食的习惯。

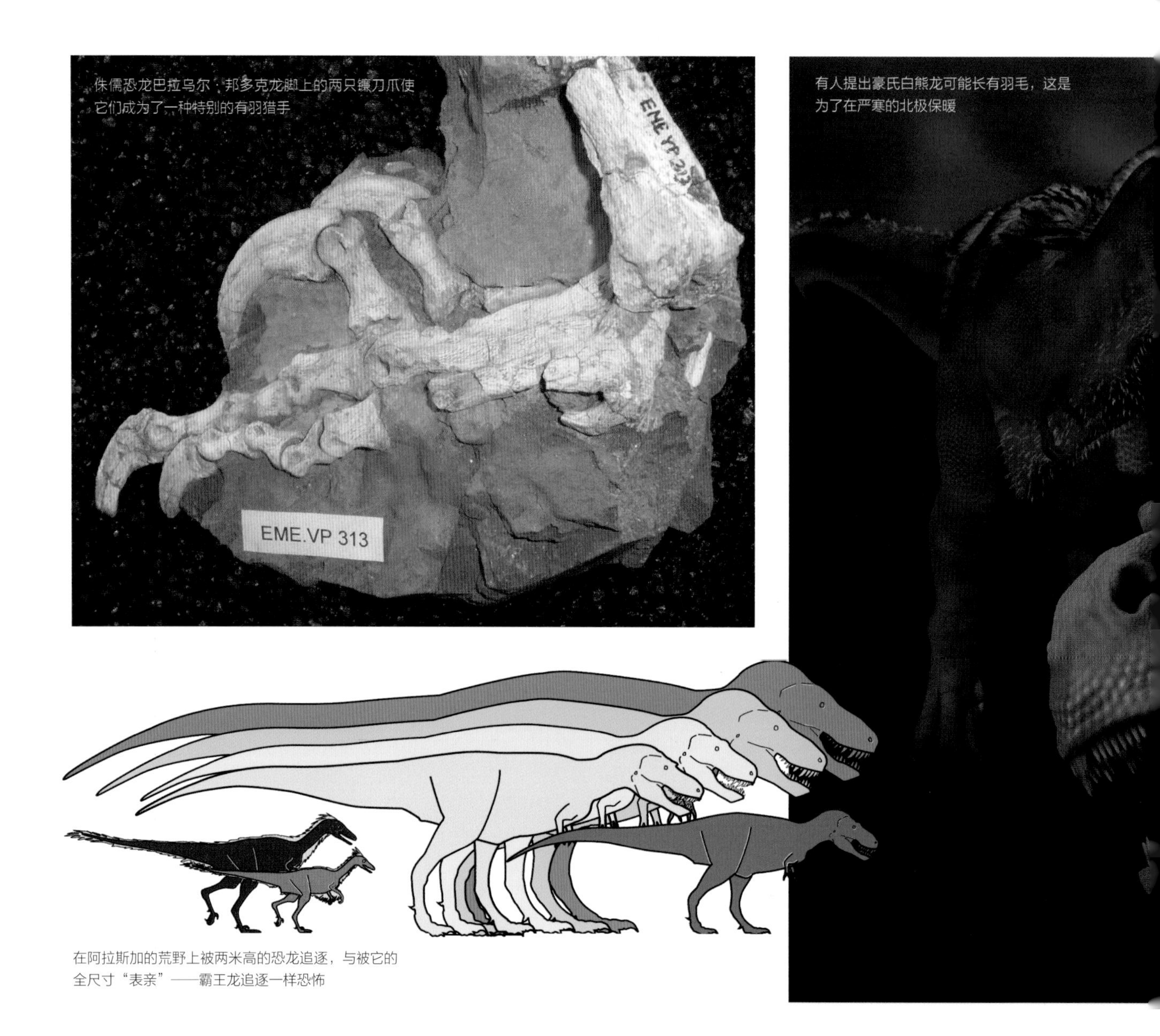

侏儒恐龙巴拉乌尔·邦多克龙脚上的两只镰刀爪使它们成为了一种特别的有羽猎手

有人提出豪氏白熊龙可能长有羽毛，这是为了在严寒的北极保暖

在阿拉斯加的荒野上被两米高的恐龙追逐，与被它的全尺寸"表亲"——霸王龙追逐一样恐怖

了适应这样的环境，这种暴龙无奈之下只好进化出更小的体型来降低食物需求。这和岛屿生态地理学的基本原则是相同的：当资源稀缺的时候，岛屿上的动物就会进化出比它们的大陆同胞更小的体型。"

在现代，生活在孤岛环境下的肉食动物也显示出了变小的趋势。这个过程叫作岛屿侏儒化（isular dwarfism），在历史上出现了多次。我们可以在恐龙身上找到例子，也可以从大象之类的现代动物身上看到印证。岛屿侏儒化能够在进化过程中进展迅速，而另一种演变趋势——岛屿巨大化则进展缓慢。

小型的暴龙像今天的北极熊一样在北极的冰天雪地里奔跑，这一情景想象起来有些奇怪。不过这是因为我们有了一个错误的预设，恐龙并非之前所想的那样全是身披鳞甲的类蜥蜴动物。

菲奥里洛解释道："根据在中国发现的相关恐龙化石，我们推测豪氏白熊龙可能长有羽毛。当时阿拉斯加北部的年平均温度大概与现在加拿大阿尔伯塔省的卡尔加里（Calgary）和美国俄勒冈州的波特兰这一带的气温相当，因而比今天的北极相对暖和一些，不过有时也会非常寒冷。"

那么科学家怎么断定他们在阿拉斯加北部发现的豪氏白熊龙化石是一种全新的恐龙而非另一种暴龙的幼年形态呢？

“我们有几块豪氏白熊龙的头部化石，一块是头骨顶端，一块是口鼻部，一块则来自下颌，”菲奥里洛说，“最不起眼的口鼻部化石可以告诉我们这只豪氏白熊龙的年纪。这块化石上的骨骼嵌合形态只会出现在完全形态的暴龙身上（如霸王龙和特暴龙）。”

如果我们去往更久远的年代看看那时的欧洲，可能会发现侏儒恐龙最著名的例证——欧罗巴龙，意为“来自欧洲的蜥蜴”。这种小型蜥脚类恐龙生活在侏罗纪时期的德国地区，是典型的侏儒恐龙。在欧罗巴龙生活的年代，德国地区由一系列小岛屿组成，构成了岛屿侏儒化出现的最佳条件。一系列化石发现说明在欧罗巴龙存在后的几百万年，又出现了另一种蜥脚类侏儒恐龙，这次在生活着多种侏儒恐龙的罗马尼亚。这些来自欧洲的恐龙和豪氏白熊龙出现在阿拉斯加平原上的时间差不多。

口袋猎手

罗马尼亚的哈采格岛是小恐龙的天堂，其中顶级的猎手是一种奇怪的有羽兽脚亚目恐龙，名叫巴拉乌尔·邦多克龙（Balaur Bondoc）。巴拉乌尔·邦多克龙身高只有0.5米，从鼻子到尾部的长度约2米；它的每只脚上都长有一对独特的爪子，这意味着它们可以捕猎比它们大得多的猎物。尽管体型很小，但是由于当地并没有发现任何其他大型捕猎者的化石，巴拉乌尔·邦多克龙很有可能是当时该地区位于食物链顶端的捕食者。

有趣的是，和《侏罗纪公园》里描绘的迅猛龙不同，像巴拉乌尔·邦多克龙之类的猎手并不会扑向猎物，然后用爪子猛挥向敌人。2011年，丹佛·福勒（Denver Fowler）和其他研究人员一起进行了一项研究，探索有羽恐龙扑翅膀的动作起源。近鸟类恐龙（如巴拉乌尔·邦多克龙）的足部解剖结果显示，它们的足部与现代鸟类（如鹰）的爪子功能上是相似的。这就意味着巴拉乌尔·邦多克龙可能像现代鸟类一样使用爪子来抓紧猎物，用身体的重量把猎物摁倒在地，然后用喙肢解猎物。福勒和其他的研究人员还指出，这种动物也有可能通过挥动翅膀来保持平衡——翅膀能够帮助它们在制伏猎物的时候调整姿势和保持平衡，这一发现对鸟类扑翅的动作进化研究非常重要。

哈采格岛上的蜥脚类侏儒恐龙名叫马扎尔龙（Magyarosaurus）。这种恐龙是泰坦巨龙家族的一员，和欧罗巴龙的体型类似。这儿还生活着一种叫作沼泽龙（Telmatosaurus）的鸭嘴龙和两种两足查摩西斯龙（Zalmoxes），这些恐龙都比它们的“近亲”小很多。

刚开始发现侏儒恐龙的时候，人们还认为这是一个稀罕事物；但有了这么多的发现以后，才知道这种现象比我们想象的要平常多了。当然，不管怎么进化，侏儒恐龙还是和其他恐龙一道，在白垩纪末期的灭绝事件中从这个星球上消失了。

格雷厄姆·巴洛

恐龙危险指数排行榜

从北美大陆的残酷暴君、鲨齿猎手，到同类相食的野兽，以及与棘龙比肩的庞然大物，我们来看看史前世界最危险的肉食者排行。

10 肉食牛龙

暴躁的肉食牛龙埋伏捕杀各类猎物，以用速度制胜。

肉食牛龙的头骨仅有 59.6 公分，可能是兽脚亚目中头骨最短的恐龙

在威斯康星州的基诺沙恐龙探索博物馆陈列的肉食牛龙头骨

肉食牛龙（Carnotaurus Sastrei）到目前为止自成一属，并没有同类。这是一种大型的兽脚亚目捕食者，主要生活在白垩纪晚期（约 7000 万至 7200 万年前）的南美洲地区。尽管看上去有些吓人，但肉食牛龙的体重很轻，只有 1 吨左右，体长 8~9 米。这种恐龙属于兽脚亚目恐龙中的少数派，用两足行走，头骨顶部长有两只角。

肉食牛龙灵活的股骨和细长的尾部肌肉让它们能更加快速地奔跑；而它们头上的骨角主要用于雄性之争或是其他的社交互动。这种恐龙的下颌并不是特别有力，下颌的形状说明它可能会快速地咬向猎物，然后通过摆动上颌骨来撕下小块的猎物血肉，就像是锯子一样（和异龙的捕食方式类似）。

尽管肉食牛龙体长有 8~9 米，形象吓人，但是它的体重却很轻。

目前仅有一个肉食牛龙的头骨被发现，是在 1984 年阿根廷的拉科洛尼亚地层（La Colonia Formation），这一发现对于现代古生物学来说意义重大。当时是当地的古生物学家约瑟 · 波拿巴（Jose Bonaparte）率领的团队发现了这块头骨，头骨保存完整，但是由于地层的侧面挤压，有些部分变形了。这次的发现还包括一些恐龙皮肤留下的印记，让我们能够近距离地观察两足兽脚亚目恐龙的皮肤特征。

亚伯达龙是美国的古生物学家和生物学家亨利·费尔费尔德·奥斯本在 1905 年命名的。之后的第三年，亨利出任美国自然历史博物馆的馆长

09 亚伯达龙

亚伯达龙（Albertosaurus）或许比不上霸王龙的体型，但是它胜在数量多。

在白垩纪晚期的北美平原上，生活着无数的猎食者，两足的兽脚亚目恐龙亚伯达龙也是其中的一员。亚伯达龙的模式种是肉食亚伯达龙（A. sarcophagus），这种恐龙只生活在加拿大的阿尔伯塔省。

成年形态的亚伯达龙体长可达 9 米，体重在 1.3 吨到 1.7 吨之间，有些古生物学家认为它们是当时当地最顶尖的捕食者。不过相比于其他如暴龙和特暴龙之类的兽脚亚目恐龙而言，它们的体型较小，所以有些古生物学家认为，它们得在这些体型更庞大的猎手的狩猎范围之外捕食，甚至有可能扮演清道夫的角色。

亚伯达龙和这一时期的其他兽脚亚目恐龙有着一样的体型、姿态和体重分布，但是它们的前肢相对于它们的体型来说，显得异乎寻常的小。这一身体特征可能会影响它们捕猎的成功率，再加上发现了聚集在一起的大量亚伯达龙的遗骨，可以推测这种恐龙也许会成群打猎，从而捕杀大型草食性恐龙，并合作赶走体型更大的猎手。

有着短小前肢的亚伯达龙也许会成群捕猎。

08 异特龙

这种两足猎手在当时称霸一方。

异特龙的头骨上有角从眼睛上方长出，这是它眼窝里泪骨（lacrimal）的延伸

异特龙（Allosaurus fragilis）是侏罗纪晚期最常见的捕食者之一，从启莫里期至蒂托期（Tithonian）（约1.45亿年前至1.57亿年前），它都是当之无愧的王者，残忍地称霸一方。异特龙的平均体长为8.5米，但是有化石证据表明这种恐龙最大能长至12米。

异特龙的化石在葡萄牙著名的洛里尼扬组和遥远的坦桑尼亚都有发现；但其化石发掘最密集的地区还是在面积更大的莫里森组。莫里森组有一条跨越了中部北美洲和加拿大的巨大沉积岩。在欧洲，体型略大的蛮龙统治着各色的捕食者，而在这里异特龙则当之无愧地站在了食物链的顶端。它的主要捕猎对象是鸟脚亚目、剑龙和蜥脚类恐龙。

跟大多数兽脚亚目的捕食者一样，异特龙有着巨大的头盖骨，短粗的脖子，相当大的尾巴和细小的前肢。它强有力的后腿可以让它在伏击中猛然扑出，用像斧头一样的下颌撕咬猎物。

从20世纪20年代至20世纪70年代，异龙被分类为腔躯龙属。

在研究异特龙的捕食和社会习性的过程中，古生物学家们提出了很多假设。有学者认为异特龙有可能会和同伴合作捕猎，而其他一些则认为，异特龙跟很多其他的兽脚亚目猎手一样习惯单打独斗。

从20世纪20年代至70年代，异特龙实际上被分在腔躯龙属（Antrodemus）之下，不过古生物学家们对这一地区是否真的存在这一类属表示怀疑。1976年，随着古生物学家詹姆斯·马德森（James Madson）确认被定义为腔躯龙属的遗骨来源可疑，这一长达50年的分类被彻底推翻。

07 高棘龙

高棘龙（Acrocanthosaurus）背部有高耸的脊骨，身形巨大，曾生活在北美洲富饶的冲击平原上。

一个关于高棘龙形象推测的三维重建

高棘龙（名字意为“高脊骨的蜥蜴”）是一种可怕的两足猎手，生活在白垩纪初期的北美洲冲击平原上。跟肉食牛龙一样，高棘龙也是自成一属类；大量集中的高棘龙化石在美国得克萨斯州、俄克拉荷马州和怀俄明州被发现，这说明这种恐龙的狩猎范围很广。通过研究高棘龙的古生物环境，我们可以知道它的主要猎物是星牙龙之类的小型蜥脚类恐龙；如果研究没有出错的话，还有可能包括大型的食草恐龙波塞东龙(身高最高可达17米)。

和所有其他不会飞行的兽脚亚目恐龙一样，高棘龙的前肢短小，够不到地面。它的前肢没有任何的运动功能，不过不会影响这一猎手的捕猎。其前肢里的骨头结合得不是很好，被大量的软骨包围。尽管这样的前肢活动不算灵活（高棘龙甚至都无法伸直或是完全弯曲它的前肢），但它却可以挥动爪子向上或是向下重重地砍向猎物。高棘龙会猛冲向猎物，用爪子挥向猎物颈部，然后用它巨大的下颌咬碎猎物的头骨。

这一嗜血怪兽出名的还有它背上高耸的脊骨，突出部分的体积是其下椎骨的2.5倍。这些脊骨究竟有什么作用我们还不清楚，古生物学家们猜测这有可能是用于调节体温或是互相交流的。

高棘龙会猛然冲向猎物，用爪子挥向猎物颈部，然后用它巨大的下颌咬碎猎物的头骨。

06 奥卡龙

奥卡龙体型较小，身形敏捷，结群捕猎。

据说奥卡龙的平均体长为 4.3 米；不过我们对这一恐龙的全部认识都来自于一块骨骼——任何新的发现都可以带来全新的认识。

重建的奥卡龙骨架模型

奥卡龙（Aucasaurus）生活在白垩纪晚期的南美洲（更准确地说是阿根廷），是一种中等体型的两足兽脚亚目恐龙。这种生活在桑托期（Santonian）（约 8300 万至 8600 万年前）的恐龙可能会进行小群体狩猎，通过团体合作来捕杀大型猎物——比如说 7 吨重的蜥脚类恐龙萨尔塔龙。萨尔塔龙也属于肉食牛龙亚科（兽脚亚目下的一个亚科），其下还包括起源自印度的胜王龙和来自阿根廷的肉食牛龙。奥卡龙的鼻子短而深陷，就像它的“近亲”肉食牛龙的一样；不过与肉食牛龙不同的是，奥卡龙的眼睛上没有长角，只有脊状突起。

尽管奥卡龙并不出名，但由于 1999 年在阿根廷的恶地发现了几乎完整的骨骼，它成为了古生物学家们最了解的恐龙之一。在发现的这具骨架上，有趣的是头骨的损坏。头骨骨折究竟是来自同一物种咬伤，还是另一种大型捕食动物的致命一击呢？

尽管奥卡龙并不出名，但它却是古生物学家们最了解的恐龙之一。

05 虐 龙

另一种生活在白垩纪晚期的北美洲野兽，这种两足猎手的标本体型十分骇人。

现有研究发现都是基于虐龙的头骨和部分身体骨骼

虐龙（Bistahieversor）最早是在北美洲的科特兰地层（Kirtland Formation）被发现的。这种恐龙的名字前半部分“bistahi”来自纳瓦霍语，意指化石的发现地点；后半部分来自希腊语“eversor”，意为破坏者。它生活在7500万年前的白垩纪晚期，平均体长30米，体重约为1吨。尽管它的体型相对于其他的肉食性恐龙来说略小，但是它的另外一些特征吸引了全世界古生物学家的注意。虐龙比其“表亲”霸王龙的牙齿要多：它的牙齿有64颗，而霸王龙则有54颗；而且它的每只眼睛上面都有一对洞孔，这些洞孔的作用直至现在仍然是个谜。虐龙也有一些不那么出名的亲戚，如血王龙（已知的历史最悠久的暴龙）、诸城龙（在同一时期生活在中国山东省的大型捕猎恐龙）、怪猎龙（在希腊语里的意思是“怪兽杀手”）以及特暴龙（在亚洲发现的6吨重的捕食者）。

1990年，虐龙的遗迹被发现；1993年又出土了一批化石；不过直到2000年，托马斯·卡尔（Thomas Carr）和托马斯·威廉森（Thomas Williamson）两名古生物学家重新检查了这片遗迹后得出了惊人的结论。一开始虐龙被归类为另一种肉食性恐龙——后弯齿龙（Aublysodon），但是卡尔和威廉森提出发现的化石应该是惧龙的一种。10年后，这两位科学家重新审视了他们的判断，最终确认这种新发现的恐龙既不是后弯齿龙也非惧龙，而是一种全新的暴龙。

虐龙比它的“表亲”霸王龙多长了一些牙齿，而且它的每只眼睛上方都有一对神秘的洞孔。

04 鲨齿龙

这只体型巨大的野兽的大脑可能很小，不过它可以用武力来弥补智商上的不足。

艺术家重现的鲨齿龙（左）与三角洲奔龙（Deltadromaeus）的战斗

撒哈拉鲨齿龙（Carcharodon-tosaurus. saharicus）是鲨齿龙属下体积最大的兽脚亚目恐龙，体重为6~15 吨，体长惊人，有 12~13 米。不过，长着硕大脑袋的鲨齿龙，它的脑容量相对于它这样的巨兽来说实在是小得可怜。换言之，它可算不上聪明。

鲨齿龙的名字起自它锯齿状的牙齿，而对它的发现起源于一颗牙齿。1924 年，在阿尔及利亚陆相的卡玛卡玛组地层（Continental Intercalaire rock formation）发现了两颗牙齿；起初，人们以为这是来自体型同样巨大的斑龙；直到之后德国古生物学家恩斯特·斯特莫（Ernst Stromer）在埃及的进一步发现让他确定这种恐龙不属于任何一个已知的属类；由于这一恐龙有着锯齿状的牙齿，斯特莫在给它命名的时候，借鉴了噬人鲨（Carcharodon）的属名。

不幸的是，收集的大部分化石毁于第二次世界大战中盟军对慕尼黑的轰炸之中，一起毁掉的还有一些棘龙的化石碎片。不过这件事也有积极的一面：这之后，古生物学家齐心协力，想要找到更多有关鲨齿龙的遗迹，2007 年他们阴差阳错地发现了该属的第二个物种——伊吉迪鲨齿龙（C.iguidensis）。

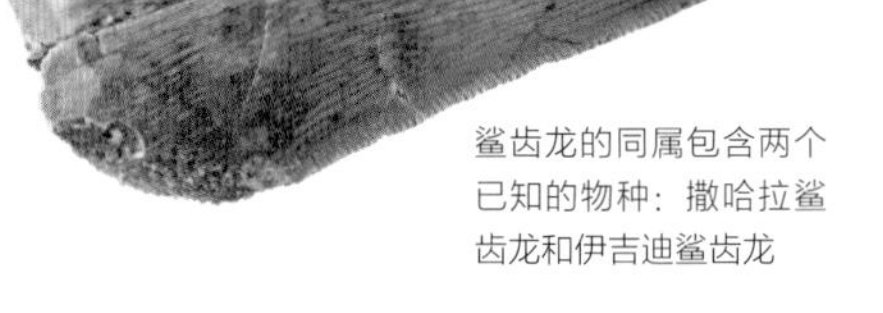
鲨齿龙的同属包含两个已知的物种：撒哈拉鲨齿龙和伊吉迪鲨齿龙

鲨齿龙有着硕大的脑袋，但是相对于它这样的庞然巨兽来说，它的脑容量简直小得可怜。

03 霸王龙

来向霸王龙打个招呼，它会吃山羊，能追吉普，是电影里的大明星。

暴龙种类繁多，不过霸王龙是体型最大的暴龙——而且它也是最为大众所熟知的恐龙之一

威风凛凛的霸王龙和这张排行榜里大部分其他的猛兽一样，也属于两足兽脚亚目的一员，它统治了拉腊米迪亚岛州的动物王国——这片土地后来与相邻的阿帕拉契亚（Appalachia）融合连接在了一起，变成了今天的北美洲。霸王龙生活在6600万年至6700万年前的白垩纪晚期。白垩纪第三纪灭绝事件（Cretaceous-Paleogene extinction）毁灭了地球上75%的动植物，而霸王龙是在这之前存活的最后一种非鸟类恐龙。

霸王龙体重大约是6.8吨，平均体长为12.3米。对这种恐龙的研究引出了很多的结论，有些古生物学家认为霸王龙是位于食物链顶端的捕食者；另一些则认为它是以腐肉为食的清道夫。不过，现在不同的古生物学家渐渐达成了一个共识——霸王龙也许是一个投机的猎手，它会自己捕猎，也会从其他捕猎者口中夺取食物。

暴龙是最有代表性的恐龙家族之一，现在有50多具暴龙标本被发现，其中很多都能组成完整的骨架。这样丰富的化石证据让科学家能够更加清楚地了解这一强悍巨兽的两性异形（sexual dimorphism）。这一恐龙的两种不同形态的标本已经被发现，一个强壮，一个纤细，让我们能够更加明确地分辨雄性和雌性霸王龙的身体特征。这一发现让我们明白了一些事情，却也引发了更多的问题：若是特定的物种在某一地区发现了多样的标本，应该怎么去定性呢?

研究显示，霸王龙可能既是位于食物链顶端的捕食者，又是以腐肉为食的清道夫。

巨兽龙的三维电脑绘画

巨兽龙骨架的复制品

1993 年发现的巨兽龙头骨的铸件模型，从模型上可以看出这一巨兽强有力的下颌和尖锐的牙齿

02 巨兽龙

这种“巨大的南部蜥蜴”可与雄踞一方的霸王龙比肩。

随着这张排行榜越爬越高，我们发现体型是排名的关键。以霸王为名的霸王龙以其骇人的体型在北美洲冲击平原上耀武扬威，不过在这片即将与南美大陆连接的地域上，巨兽龙才是主宰。巨兽龙生活在 9700 万年至 1 亿年前的赛诺曼期（Cenomanian age），比霸王龙的崛起早了 3000 年。这种恐龙生活在阿根廷地区湿润的沼泽地带。

这一庞然大物的体长平均为 12.5 米（发现的最大标本有着 13.2 米的惊人体长），体重约为 13.8 吨。巨兽龙是鲨齿龙属的一员，是个敏捷的猎手。这个两足兽脚亚目恐龙有着纤长的尾部和两条强壮的后腿。据估计，这种猛兽最高时速能达到 50 千米，它流线型的尾巴可以帮助它们在高速前进中转弯。巨兽龙的前肢虽短，但是比霸王龙的要长，它可以用爪子刺穿猎物的侧方，同时用强有力的下颌咬断猎物的脖子。

马普龙（Mapusaurus）是巨兽龙的“近亲”，大量的马普龙化石被集中发现，说明这一体形更加巨大的恐龙也许是结群狩猎的。那么，巨兽龙是否也有这一捕猎习惯呢？

巨兽龙是敏捷的捕食者，它的速度可达每小时 50 千米；而在急转弯中，流线型的尾巴可以帮助其保持身体平衡。

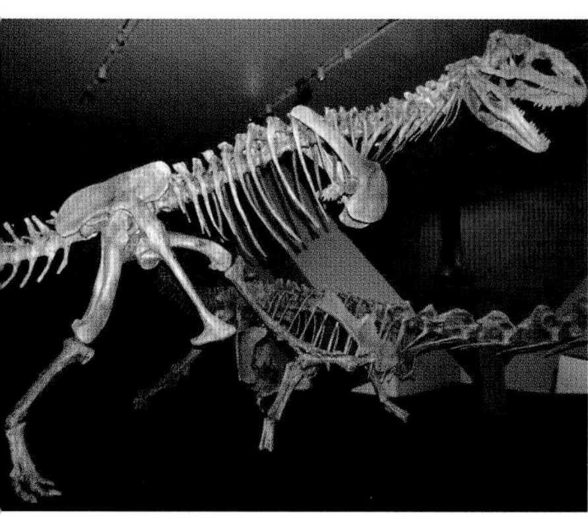

加拿大皇家安大略博物馆（Royal Ontario Museum）中陈列的玛君龙骨架

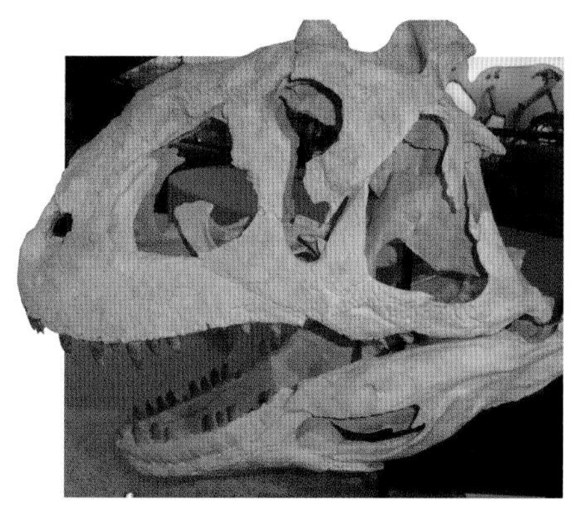

玛君龙（Majungatholus atopus）头骨的模型铸件

01

玛君龙

玛君龙是统领马达加斯加岛屿的王者，而有些科学家认为这种巨兽会同类相食。

危险恐龙第一名当属玛君龙（Majungasaurus）。玛君龙也许不像霸王龙和棘龙那样受欢迎，但是这种恐龙在它的栖息地上是毋庸置疑的领袖，雄踞在食物链的顶端。那么，关于这一可怖的猛兽，我们了解多少呢？

在7000万年前至6600万年前的白垩纪末期，玛君龙生活在马达加斯加（Madgascar）的岛屿上。作为食物链顶端的捕食者，玛君龙会猎杀马达加斯加生态系统下的各种生物，包括古齿龙属（archeodontosaurus）、拉伯龙属（lapparentosaurus）、掠食龙属（rapetosaurus）恐龙。玛君龙属于阿贝力龙科（abelisaur），和其他的兽脚亚目恐龙不同的是，它的口鼻部很短，在头骨的上端长有独角。

有些研究表明，玛君龙独特的头部形状和口鼻部可能意味着它们有不同的捕食方式。大部分的兽脚亚目恐龙有着长而窄的头骨，而玛君龙之类的阿贝力龙科恐龙却大多长有更大更圆的头骨。品种相近的其他兽脚亚目恐龙由于不能大范围地转动脖子，它们可能和今天的狼、狐狸和豺一样，通过不停地撕咬来征服猎物；但是阿贝力龙科恐龙头骨的形状和密度告诉我们，玛君龙的撕咬是一击毙命的，一下子就能咬碎猎物的头骨或是咬断它们的脖子（像今天的老虎、狮子和美洲豹一样）。

那我们有什么证据证明它们是同类相食的怪兽呢？在玛君龙的化石上发现了来自同类的齿痕，这些齿痕和在其他被捕食的蜥脚类恐龙身上发现的一样。玛君龙是马达加斯加岛屿上的顶级捕食者，只有同类的袭击才能对其造成致命的伤害。尽管古生物学家也曾推测过其他恐龙也有同类相食的行为，但是玛君龙是唯一有证据证明会吃同类的非鸟类恐龙。

为什么玛君龙排名第一呢？因为它甚至会捕食自己的同类

玛君龙是当之无愧的领地霸主，作为顶级捕食者，无出其右。

唐·雷赞-林肯
（Dom Resigh-Lincoln）
科学作家
在进入大学实现新闻梦想之前，唐原本打算做一名兽医。他现在住在英格兰的西南部。

科学掠影

恐龙时代的精彩画面

棘龙身长可达18米。

古生物学家推测棘龙背上的巨帆主要是用于求偶和调节热量。

棘龙

一种背上长有巨帆的奇怪恐龙

尽管棘龙（Spinosaurus）的巨大体型有种神挡杀神，佛挡杀佛的气势，但实际上它的特长是捕鱼。由于鼻孔长在高处，这种恐龙可以将大部分的下颌没入水中，用头骨中的压力传感器来感知游动的猎物。除了头部的压力传感器外，棘龙还和现代的鳄鱼有很多相似之处，如圆锥形的牙齿。2010年进行的牙齿化石同位素分析发现棘龙一生中的大部分时间都待在水中，进一步证实了它吃鱼的习惯。

与鸟类血缘最近的现存生物是鳄鱼。

尽管长得完全不一样，但是鸟类和鳄鱼都属于主龙类。主龙类包括恐龙和翼龙，以及鸟类和鳄目类动物。

大多数已知的有羽恐龙可追溯至白垩纪时期，而羽毛本身进化形成的时期可能更早

有羽家族史

在我们花园里飞来飞去的麻雀、知更鸟和画眉，看上去小巧可爱，实际上它们是恐龙的直系后裔。

2014 年 3 月，一种新生物在美国匹兹堡的卡内基自然历史博物馆揭幕，小报们用“来自地狱的鸟”为标题，争相报道。有趣的是，实际上并非是那些头脑发热的记者给这种生物取了这么一个名字——名字是科学家赋予的。幸好我们每天早上拉开窗帘的时候，并不会看到这样一只可怕的“鸟”漫步在大街上，因为这种动物已经消亡 6600 万年了。

这种生物的种名叫作安朱 · 瓦里耶（Anzu wyliei），其三位成员的化石是在南北达科塔州发现的，这些遗迹帮助科学家组装出了几乎完整的骨架。发现化石的地方是在白垩纪的最后 200 万年形成的，有些科学家认为化石的多样性说明当时恐龙仍然在进化；这与我们之前所认为的“由于气候的变化，恐龙家族已经衰落了”完全相反。

在安朱 · 瓦里耶活着的时候，它看上去很像一只体型庞大、不会飞行的鸟类，有 3.3 米长，像是巨大的鸸鹋或是食火鸡。安朱 · 瓦里耶是偷蛋

偷蛋龙和现代鸟类的血缘最近。

羽毛可以用于炫耀、保温、伪装以及飞行

龙的一种，而偷蛋龙下目恐龙长得都很像是鸟类。

卡内基博物馆古脊椎馆的副馆长马修·拉曼纳(Matthew Lamanna)说：“偷蛋龙和现代鸟类的血缘最近；而在所有的非鸟类恐龙中，只有恐爪龙（声名狼藉的迅猛龙也是其中一员）与鸟类的血缘关系稍微亲近一些。”

所有的这些事实都指向一个真相——安朱·瓦里耶身上覆盖有羽毛。当然，这肯定不是唯一一种有羽毛的恐龙，有越来越多的证据表明，很多种类的恐龙都有着各异的羽毛。我们很容易就能在一些化石标本中找到羽毛存在的痕迹（始祖鸟就是众所周知的一个例证）；而在另一些遗迹里面，则要花一点功夫才能够分辨出动物活着时的身体覆盖物。2007 年，科学家宣称迅猛龙有羽毛，因为他们在迅猛龙的骨头上发现了羽根节的突起。这一特征在现代鸟类身上也有，说明飞行的羽毛紧靠着骨头长出。

目前，大约有 30 种恐龙被确定有羽毛，不过进一步的研究可能带来更多的发现。绝大部分有羽恐龙出自各种各样的大型兽脚亚目恐龙，其中包括体型小、会飞的赵氏小盗龙（Microraptor zhaoianus）和庞然巨兽霸王龙。

说到霸王龙，我们暂时还没有确凿的证据证明它长有羽毛（但是可能性比较大），不过它的近亲——华丽羽暴龙已经被确定是有羽恐龙。实际上，身长 6 米，体重接近 1.5 吨重的华丽羽暴龙是目前已知的体型最大的有羽恐龙。很难想象这么大的动物能够飞行，华丽羽暴龙也的确不会飞，不然它的猎物就更遭殃了。这种恐龙之所以没法在天空翱翔，是因为它的羽毛并非现代鸟类所拥有的飞羽，而是些毛绒绒的小短毛。

羽毛的功能

如果恐龙不能利用羽毛来飞翔的话，那这些羽毛可以做什么呢？可能性有很多。因为有些现代的鸟类，尽管不会飞翔，但仍然保留有羽毛。鸵鸟的羽毛是用于调节体温、保护幼崽和炫耀的，几维鸟的羽毛则是重要的伪装方式，因而恐龙的羽毛可能也有其他功能。

有几种兽脚亚目葬火龙属（citpati）的恐龙会和现代鸟类一样坐在巢穴上，这意味着它们有可能在用体温孵育后代，这样的话羽毛的作用就非常重要了。

这一行为的发现已经帮助科学家把非鸟类恐龙和鸟类联系起来。现代鸟类的体内温度在40℃左右，比哺乳类的37℃体温略高。因而羽毛的出现是否意味着恐龙也是可以自己产热的恒温动物呢？无论如何，鸟类的羽毛可以帮助它们调节自己的体温，就像是哺乳动物会通过毛皮来调节体温一样。不过恐龙是从爬行类动物进化而来的，而爬行类动物是冷血动物。

来自伦敦自然历史博物馆的保罗·巴雷特说："我的猜想是有羽恐龙的体温至少比爬行类动物的正常体温要高，所以它们体内的新陈代谢可能会使体内的温度升高，而羽毛作为隔热层，会将热量保留在体内。"

就像之前提到的，不会飞行的鸟类的羽毛可能是用于炫耀的——它们可能会跳美妙的求偶舞蹈来吸引异性交配，或是用来吓退可能的敌人。在1.25亿年前的北票龙化石上找到了两种羽毛的痕迹：一种是小的丝状羽毛，这种和在其他兽脚亚目恐龙身上找到的一样；另一种更长更宽的叫作"长带状丝结构羽毛"，这是北票龙独有的。从结构上看，第二种羽毛既不可以用来保暖又不能帮助飞翔；所以根据该羽毛在身体上的分布状况，科学家判断这是用来炫耀的。巴雷特博士说："进化出羽毛的主要原因可能是为了炫耀——证明自己强健的体魄，从而争夺配偶或是领地；同时，这也预示着它们可以用羽毛来调节体温或是孵育后代。随着羽毛进化得越来越精细，可能会慢慢地出现空气动力学功能。我认为飞翔是个锦上添花的技能。"

当今，很多鸟类有羽毛但不是用来飞行的

最早的羽毛

那么羽毛最初是怎么进化的呢？2009年，在中国的辽宁省[1]发现了一种被命名为孔子天宇龙（Tianyulong confuciusi）的化石标本。这具化石已有1.5亿年历史，科学家在上面发现了类羽毛结构存在的证据。更有趣

① 辽宁省因化石数量众多、保存完好而世界闻名。

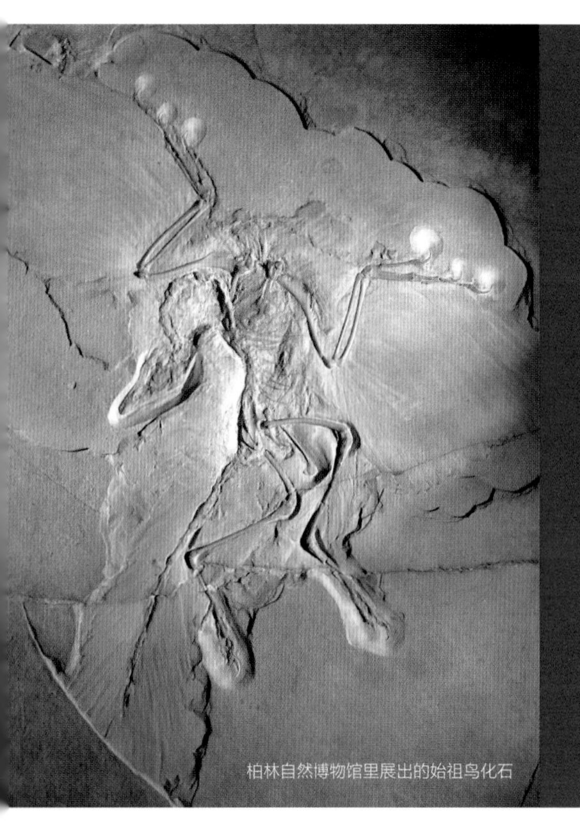
柏林自然博物馆里展出的始祖鸟化石

羽毛和化石

为什么在化石记录里仅发现了极少量羽毛存在的证据?

像骨骼之类的“硬家伙”经常在化石里被发现；但是羽毛和肌肉、皮毛、皮肤一样，都是是软组织结构，很少能够通过化石保存下来，只有在特定的条件下，才有机会成为化石。

首先，动物必须在没有清道夫的清静环境中死去，如湖底；其次，覆盖的沉积物颗粒必须细致，因为过于粗糙的基质没办法把细节保留下来；最后，为了避免羽毛被微生物分解，生物的遗体最好是在一个无氧的环境中，因为细菌之类的分解者很难在这样的环境下存活。

如果是被封入琥珀的话，羽毛也能够保存下来。因为琥珀是天然的抗菌物质，可以减缓分解过程。2011 年，在琥珀中就发现了来自 7800 万年前的、保存完好的羽毛。这一羽毛显示出羽毛的特殊化在这一时期已经开始了。

科学家可以通过研究保存完好的羽毛分析出它们原本的颜色。羽毛和皮肤化石实在是太少见了，所以在某些物种的化石上没有找到羽毛的痕迹并不意味着它们没有羽毛。

的是，孔子天宇龙并非蜥臀目，而是一种鸟臀目恐龙。根据臀部解剖学，恐龙一般被分为两种，蜥臀目和鸟臀目。除了孔子天宇龙，其他所有的有羽恐龙都来自蜥臀目，这一恐龙的发现说明羽毛出现的时间可能比人们认为的还要早，从而“将羽毛的起源提早到了三叠纪，那时恐龙开始分化为蜥臀目和鸟臀目”，来自亚伯达大学的菲利普·居里（Philip Curie）这样说道。

羽毛存在的最早证据是在似松鼠龙（Sciurumimus albersdoerferi）身上发现的。这种在 2012 年被发现的恐龙有 1.5 亿年的历史，尾巴上有羽毛。似松鼠龙生活在侏罗纪晚期，它的羽毛和现代鸟类的也很不一样。鸟类的羽毛是复杂而精美的，而似松鼠龙的则会相对简单，是笔直而坚硬的。在化石记录上，我们发现了很多不同的羽毛类型，从基本的柱状结构，进化到会分岔，再到一些看上去已经与我们熟知的形态相近的羽毛。

始祖鸟生活在 1.5 亿年前，一直以来都被认为是最早的鸟类；直到最近，我们还没有发现生活在始祖鸟之前的类鸟有羽恐龙，这就引起了一个悖论：如果类鸟有羽恐龙是在始祖鸟之后出现的话，那恐龙是如何进化成鸟类的呢？不过，在中国的化石层又有了激动人心的发现。在那里，科学家找到了和始祖鸟来自同一年代（或者更久远）的有羽恐龙的化石。

长有羽毛的恐龙可能会有更高的体温。

无论如何，怎样界定鸟类和纯粹的有羽恐龙还是个灰色地带。科学家正在尝试分辨出它们的区别，因为有大范围的各类物种都有一定程度的类鸟特征。

巴雷特博士说：“鸟类和恐龙之间的界限不是绝对的。始祖鸟之类的早期鸟类和一些长得非常像鸟的有羽

现代鸟类的羽毛大都五彩斑斓的，因而恐龙的羽毛很有可能也是彩色的

关于颜色的疑问

如果恐龙有羽毛的话，这些羽毛是什么颜色呢？

现代的鸟类有着五彩斑斓的美丽羽毛，那么恐龙的羽毛也是如此吗？2010年的一项研究仔细分析了各类化石，发现中华龙鸟尾巴上的羽毛可能点缀有姜黄色的条纹。先前也做过类似的研究，发现了一些4000万年前的羽毛实际上有着耀眼的彩虹色——就像是今天的燕八哥一样。

来自布里斯托大学地球科学学院的玛丽亚·麦克纳马拉（Maria McNamara）博士说："有几种方式可以推断鸟类羽毛颜色的黑色素水平。其中一种是用电子显微镜对羽毛进行微型解剖，分析存留的黑色素的几何结构。"麦克纳马拉博士告诉我们，球形的黑色素代表红棕色，而香肠状的黑色素则说明羽毛原本是黑色或者是深棕色的。

在美国匹茨堡的卡内基自然历史博物馆展出的安朱·瓦里耶的骨架模型

恐龙之间的差别极其微小；这两者之间唯一的明显区别就是会不会飞。"科学家认为始祖鸟是会飞的——尽管可能飞得不怎么优雅。

拉曼纳博士说："很多人不知道的是，中生代末期的大灭绝不仅消灭了所有的非鸟类恐龙，也杀死了大批的原始鸟类。在那场事件中存活下来的唯一鸟类种群最终演变进化出了我们今天在身边看到的1000多种鸟类。"

古生物学家正在努力找出鸟类和有羽恐龙之间的分辨方法。

爱丽丝·利普斯科姆－索斯维尔
（Alice Lipscombe-Southwell）
科学记者
爱丽丝在英国班戈大学学习海洋动物学，取得了动物学科学学士学位。她对爬行类动物和海洋生命抱有浓厚的兴趣。

五种有羽恐龙

由于如此多的恐龙都长有羽毛，有些古生物学家认为有羽可能是恐龙的常态。

中华龙鸟

这种恐龙生活在1.2亿至1.22亿年以前，于1996年在中国被发现。它的体长大约为1米，以小型的哺乳动物和爬行动物为食。发现的所有中华龙鸟化石都有原始羽毛的痕迹，这些羽毛的长度各异。科学家的研究发现，这种动物的尾部羽毛可能是有条纹的。

似松鼠龙

似松鼠龙的学名“Sciurumimus”来自于拉丁语“scirius”，意为“松鼠”。这种恐龙生活在1.5亿年前，有着浓密蓬松的尾巴。目前为止唯一一只似松鼠龙的化石是2012年在德国被发现的。

孔子天宇龙

孔子天宇龙生活在遥远的 1.5 亿年前，是 2009 年在中国被发现的。和其他的有羽恐龙不同，这种恐龙属于鸟臀目恐龙，这意味着羽毛出现的时间可能更早。它的羽毛样式简单且相对坚硬，覆盖了它的背部、脖子和尾巴。

北票龙

北票龙最早可能生活在 1.27 亿年前，是 1996 年在中国被发现的，但直到 1999 年才被记载描绘下来。这种恐龙大约有 2 米长，全身覆盖有绒毛，尾巴上长有较长的羽毛。北票龙身上长有“长带状丝结构羽毛”，这是它独有的。

赫氏近鸟龙

这种小型恐龙最早是在 2009 年被记载描绘的，它因为体型迷你而著名。赫氏近鸟龙（Anchiornis huxleyi）只有 34 厘米长，加上鳞甲的重量也只有 110 克。它出现的时间可能比始祖鸟早，也许生活在 1.6 亿年前。解剖学证据显示这种鸟龙长有四个翅膀，全身毛绒绒的，四肢上长有柄羽。

科学掠影

恐龙时代的精彩画面

始祖鸟

与恐龙血缘相近的早期鸟类

始祖鸟的形体和今天的喜鹊很像，不过它们在多方面的特征上与恐龙更加接近。始祖鸟生活在大约 1.5 亿年前的侏罗纪晚期，在它的化石上发现了飞羽的完整印记，说明羽毛的进化在侏罗纪末期以前就已经开始了。它们与恐龙的联系是达尔文进化论最有力的佐证。有些始祖鸟个体可能有着和大乌鸦一样的身体比例，长着宽大的翅膀、与身体不太协调的长尾巴。

偶尔人们也用始祖鸟的德文名字“Urvogel”称呼它，这个单词意为“原始的鸟”或是“第一只鸟”。大部分的始祖鸟遗迹都是在德国的索尔恩霍芬(Solnhofen)被发现的。

暗杀者匹诺曹王

虽然长着有些滑稽的长鼻子，但是这种新发现的暴龙战斗力极强。

2014 年 5 月，科学家发现了一种鼻子超长的新型暴龙，昵称叫作“匹诺曹王”。这种食肉恐龙是霸王龙的近亲，它的发现让我们了解了恐龙进化中的一个特殊的分支。

“匹诺曹王”的学名叫作虔州龙（Qianzhousaurus sinensis），它是在中国江西省的一片建筑工地上被发现的。

大部分我们熟知的暴龙（如霸王龙）都有着深陷而圆钝的口鼻部，而虔州龙的吻部则更浅更长，这样的吻部和 1976 年在蒙古发现的分支龙（Alioramus）的吻部很像，这两种恐龙都来自一个新型暴龙家族的分支——分支龙属（alioramins）。来自爱丁堡大学的史蒂夫·布鲁萨特(Steve Brusatte) 博士说：“它们是不同品种的暴龙。”布鲁萨特博士曾参与鉴定了虔州龙。

虽然分支龙都有和其他的暴龙一样的短小前肢、两指的手以及强健的身体，但是它的头骨却是独一无二的。布鲁萨特说：“如果把分支龙的头骨和霸王龙的头骨并排放在一起，会发现它们之间差异巨大。我们猜测它们有着形状不同的头骨是因为它们的捕食对象不同，有着更长、更秀气吻部的分支龙属恐龙捕猎的对象可能是体型更小、速度更快的物种。”

科学家发现的是成年虔州龙标本，从化石上可以得知虔州龙的的体型比分支龙要大很多。布鲁萨特解释说：“有人怀疑我们找到的分支龙属恐龙的标本仅仅是之前传统暴龙的年轻版；成年的大型虔州龙的发现打消了这一怀疑，让我们有确凿的证据说明分支龙属的确是一个独特且独立的子群。”

虔州龙的口鼻部装饰有一串犄角，这也许是用来传递信号的；不过究竟是用于求爱或应敌，还是某种形式的“勋章”，专家们还没有统一的答案。

科学家希望通过生物力学的研究来解答为什么“匹诺曹王”长有一个长鼻子，这样他们就可以了解这种恐龙究竟是怎样进食的了。

达伦·奈什（Darren Naish）英国南安普顿大学（University of Southhampton）博士，主要研究的是恐龙，始暴龙（Eotyrannus）就是他命名的。

科学家有确凿的证据显示分支龙属是一个独立的子群。

《戈尔之王》与暴龙

这种新发现的暴龙是食物链顶端的捕食者，比它的近亲雷克斯暴龙早出现了 1300 万年。

雷克斯暴龙之后，又有第二位暴龙明星将要被搬上银幕。这部《戈尔之王》（*King of Gore*）的主角是暴龙家族最老的成员血王龙，它的发现让我们开始重新审视这一恐龙家族的发展史。

8000万年前的北美洲湿地地区，西南血王龙（Lythronax argestes）称霸一方，这时，离它的同族——雷克斯暴龙的出现还有 1300 万年。这一两足食肉恐龙身高 8 米，有着宽大的头骨和前视的眼睛。犹他自然历史博物馆的马克·洛温（Mark Loewen）博士是西南血王龙标本的研究人员之一，他说："这样的眼睛可以让血王龙拥有更加立体的视野。血王龙是那时候的顶级捕食者。"

研究人员原本以为暴龙的历史大约有 7000 万年，但是新恐龙的发现把暴龙出现的时间至少提前了 1000

雷克斯暴龙的名字意思是“铁血蜥蜴暴君”，我们希望血龙王的名字也能够配得上它顶级捕手的身份。

万年。新发现的化石包括头骨、盆骨、腿骨和尾骨，发现地是在化石蕴藏丰富的南部犹他州；与血王龙一起被发现的还有另一具已有 7600 万年历史的怪猎龙（Teratophoneus）标本。在这些恐龙生活的年代，世界是完全不同的。它们生活在一座叫作拉腊米迪亚（Laramidia）的狭长的岛屿上，这座岛屿从阿拉斯加州的末端一直延伸到墨西哥，足有几千里。

研究人员已经注意到，北部大陆的食草类动物，如鸭嘴龙和海龟，长得和它们南部大陆的同类不一样。研究人员认为这有可能是由食用的植被种类不同而引起的；不过他们并不知道在食肉类动物身上，是否也有这样的规律特征。在拉腊米迪亚南部的发现让研究人员能够对南北的暴龙化石进行比较。洛温说：“两个地区的恐龙是截然不同的，”这就意味着植被差异的解释不成立，“当一种动物处于食物链顶端的时候，距离不再是问题——没有什么能够阻止血王龙一路向北。”

洛温博士认为差异性可能是由物理屏障引起的。6600 万年至 8000 万年前，汹涌的海平面淹没了岛屿中部，将其分成了两部分，南岛和北岛的生物进化被隔离开来，走向了不同方向。

那么血龙王的名字是怎么来的呢？洛温和同事们一起给这种恐龙取了名字，雷克斯暴龙的名字“Tyrannosaurus rex”意思是“铁血蜥蜴暴君”；我们希望血龙王的名字也能够配得上它顶级捕手的身份——“戈尔之王”听起来似乎还不错。

海伦 · 皮尔彻
（Helen Pilcher）
科学作家 / 喜剧演员
海伦在英国伦敦的精神病学研究所（Institute of Psychiatry）取得了神经科学博士学位。

在葡萄牙洛里尼扬地区发现了恐龙足迹的化石。

你问我答

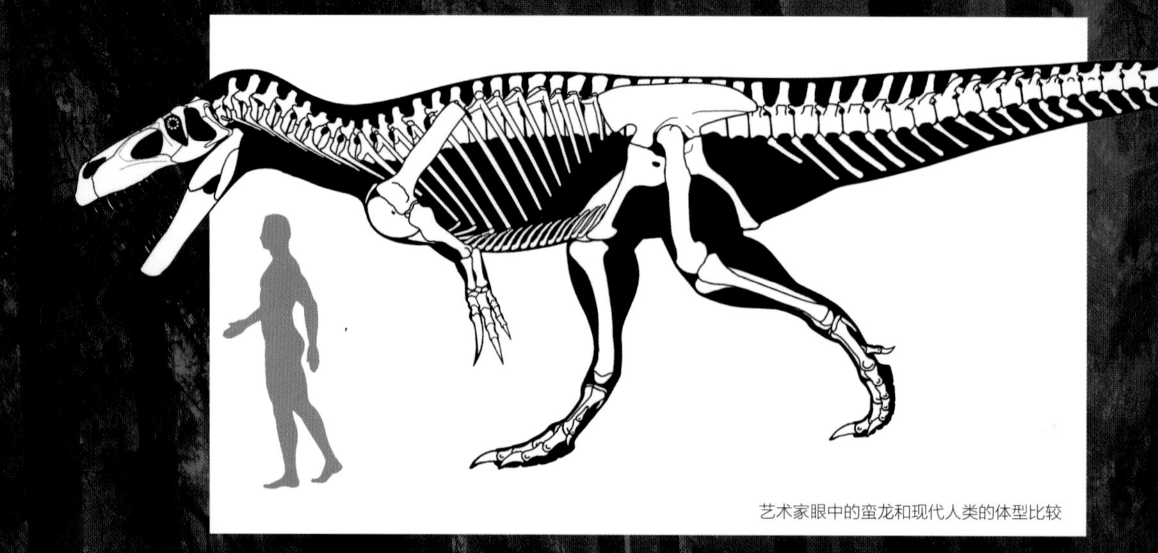

艺术家眼中的蛮龙和现代人类的体型比较

克里斯托夫·亨德里克斯的问答时间

为什么发现格尼蛮龙对我们了解恐龙的进化过程非常重要?

原始的大西洋已经形成，将欧洲与北美洲分隔开来；第三，它证明了在侏罗纪末期欧洲大陆上的确生活着大型的肉食性恐龙。

在中生代的大部分时候，欧洲是

问：这些发现是否改变了我们对侏罗纪时期欧洲恐龙生活情形的看法?

答：与其说改变，不如说是补充。我们能够更加全面地了解生活在 1.5

生活在 6600 万年前的安朱 · 瓦里耶被称作“来自地狱的鸟”，体长为 3.3 米

马修 · 拉曼纳博士的问答时间

我们知道的有关于“地狱鸟”——安朱 · 瓦里耶的一切。

最有可能的解释是这种动物是恒温动物，它们的羽毛是用来保温的。

问：据说“地狱鸟”有羽毛，那它们的羽毛是用来做什么的呢？

答：当然不是用来飞的。我们认为安朱的体重在 200 到 300 千克之间，所以它 1 米长的前肢还不足以支撑身体飞离地面。最有可能的解释是：这种动物是恒温动物，它们的羽毛是用来保温的。当然，安朱 · 瓦里耶的羽毛也有可能是用来炫耀的，即吸引配偶或是吓退敌人。

问：这种动物以什么为食呢？可以从何而知呢？

答：我们曾发表的一篇有关安朱的论文就讨论了这一问题，不过可惜的是我们还没有一个定论，部分原因是这种动物没有牙齿。我们的猜测是安朱可能是个机会主义者——大部分情况下吃素，偶尔也会抓住机会吃一些小型脊椎动物。

安朱的下颌和一些草食性恐龙很相似，当时它们的前肢很长，而且长有巨大而弯曲的爪子，就像老鹰一样。因而，当安朱的下颌说着“我是素食主义者”的时候，它的爪子大叫着“我要吃肉”。

问：安朱和现代鸟类的血缘关系有多近？

答：它是和鸟类血缘最接近的，但仍被我们称为“非禽类”恐龙。安朱属于偷蛋龙的一种，偷蛋龙下目恐龙都长得很像鸟类，但是严格意义上来说仍然属于非鸟类恐龙。

在中生代的末期，不仅有许多长得像鸟类的有羽恐龙，而且有大量的长得像恐龙的鸟类——原始鸟类，始祖鸟是其中最著名的一种，当然还有很多其他的种类，大部分都有着拗口的名字。

马修 · 拉曼纳（Matthew Lamanna）博士
美国卡内基自然历史博物馆
拉曼纳博士是 2014 年揭幕“地狱鸟”的古生物学家之一，并一直致力于这种动物的研究。

安东尼·R. 菲奥里洛馆长的问答时间

问：您能先给我们讲讲您发现豪氏白熊龙这一侏儒恐龙的经过吗？

答：这是我们发现的第二只生活在北极的恐龙。对这两只恐龙的研究告诉我们，恐龙能够适应北极的生态环境并在那里繁衍生息。豪氏白熊龙是在北部阿拉斯加一个叫作北坡的地区发现的。这一地区不管是现在还是7000万年前都处于北极圈内。

问：是您给这一恐龙命名的吗？这个名字究竟是什么意思呢？

答：经过分析，我们发现这种恐龙并没有被记载过；所以我和我的同事罗恩·蒂科斯基（Ron Tykoski）得到了为它命名的机会。我们希望这一个属类的名字能够反映因纽特文化，因为因纽特人才是这片土地真正的主人。再考虑到这种恐龙很有可能是这一生态系统的顶级捕食者，所以我们选用了“nanuq”一词，这是因纽特语，意思是“北极熊”。豪氏白熊龙的姓“Nanuqsaurus”意思是“北极熊蜥蜴”。

物种名则是为了向福里斯特·霍格伦（Forrest Hoglund）致敬——他帮助我们建立起了在达拉斯的新博物馆，所以物种名取为“hoglundi”。

我们希望这一个属类的名字能够反映因纽特文化，因为因纽特人才是这片土地真正的主人。

安东尼·R. 菲奥里洛（Anthony R. Fiorillo）博士
美国佩罗自然科学博物馆地球科学馆馆长。

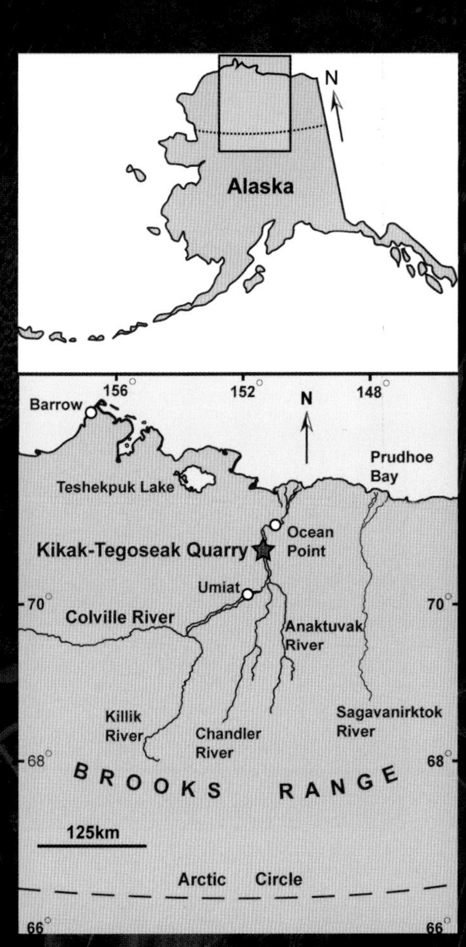

豪氏白熊龙的化石是在阿拉斯加北部的偏远地区被发现的

96
105
88
92
94
90
86

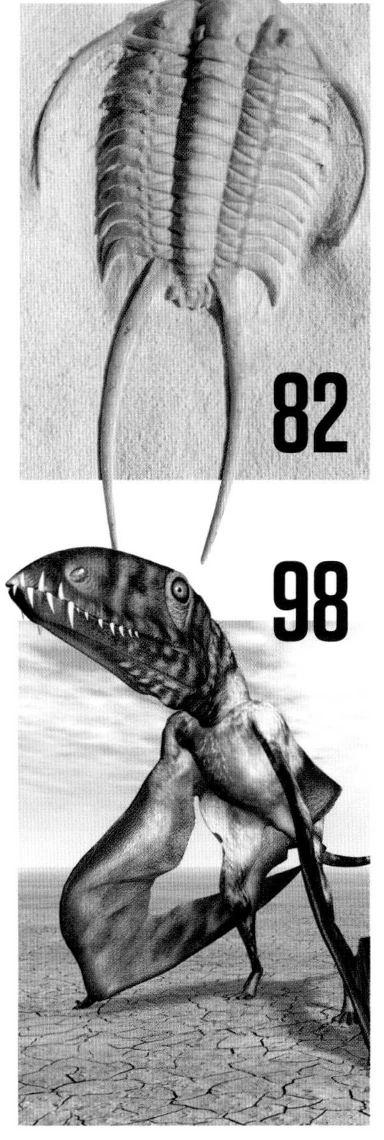

3 翼龙和蛇颈龙

“奇虾”（Anomalocaris）名字的意思就是“奇怪的虾”。这种早期甲壳纲的复合具柄眼由16000个单眼组成。

古波之下

海洋巨兽的发现将带我们走近古生代的世界，让我们了解一场物种灭绝以及随后恐龙一族的兴起。

随着地球进入我们所说的5.41亿年前的古生代的第一个时期——寒武纪，海洋的生态系统就开始发生剧变，这就是古生物学家所知的“寒武纪生命大爆发”。生态生产力的爆发成为了进化实验的熔炉，复杂的多细胞有机体开始以全新的方式融入环境。

多年以来，海洋历史在寒武纪时期的记录几乎都是空白的。科学家推测那时主要的生命形态是一种叫作奇虾（Anomalocaris）的野兽，它们在海底游行，用嘴巴之上的两只长附器吸食浮游生物和岩屑。不过，在一次在格陵兰希尔瑞尔斯·帕塞岩层的探险中，我们找到了有关于寒武纪海洋生物的证据，那时的古海洋里的确生活着体型更加巨大的顶级捕食者。

冰期灭绝事件

史前世界经历了五次大规模的灭绝事件，我们来看看其中破坏力排名榜上的第二名。

一般想来，除了小行星撞击或是一系列的火山爆发，似乎没有什么事件能够有足够的破坏力来抹去地球上几乎所有的物种；不过 4.5 亿年前至 4.4 亿年前的一个新冰期的来到，造成了史前世界破坏力排行第二的灭绝事件，而排名第一的是在这之后 200 万年发生的二叠纪－三叠纪灭绝事件（即“大灭绝”），这一场灭绝几乎抹杀了地球上所有的生物。

大灭绝对海洋生物影响迅速而巨大（据研究估计，可能有 96% 的海洋生物在这一事件中灭绝了）；而奥陶纪－志留纪灭绝事件则是一个缓慢的过程，全球气温慢慢下降至难以忍受的低温。据估计，这次的冰期（包括两个阶段）60% 的海洋类脊椎动物消失，包括三分之二的苔藓虫[①]和腕足类动物[②]。

那么这场持续了几百年的灾难是由什么引起的呢？关于冰期灭绝事件的具体原因科学家还没有达成共识，不过根据已有的证据我们可以得出几个结论。冈瓦那大陆移入南极地区是事件开始的关键因素之一。随着这一块超级大陆移动到了极点位置，整个地层都开始结成冰盖，极大地降低了海平面的高度。这一冰期由两个阶段造成，冰冻在冈瓦那大陆的水在间冰期又融化开来，海水一涨一落毁坏了主要的动物栖息地。

这种转变将低海拔条件转变为了高海拔条件，引起了大气气温的全面下降，从而使地球进入了冰川时代。科学家同意这一个阶段的确有很多物种灭绝了，不过生物多样性并没有降低。

① 外表类似苔藓的无脊椎动物。
② 有坚硬外壳的海洋生物。

三叶虫生活在 2.7 亿年前的海洋里，最后在二叠纪－三叠纪灭绝事件里消失

志留纪时期海洋里的生物达到了前所未有的多样化程度

温和的巨兽

“顶级捕食者”一词放在海洋生物身上可能会引起一些误解。我们的印象里，食物链顶端的捕食者一般是非常残暴的有机体，随时准备着给猎物致命的一击；不过在寒武纪，脊椎动物还没有进化好，它们的下颌基本上还是个摆设。因而在这个时代，海洋霸主所采取的捕食方式完全不同——主要是通过摄食浮游生物来维持生存的。

北奇虾（Tamisiocaris borealis）是寒武纪时期顶级的捕食者之一，这种身长60厘米的虾类在海洋中漂游，它面部两个巨大的附器可以过滤大量的海水以获取食物。2014年这种巨大奇虾的发现彻底改变了我们对早期海洋时代的看法。

雅各布·温瑟尔博士是来自布里斯托大学的研究大进化的讲师，也是发现北奇虾的科学家之一，他说：“海洋里似乎不太可能有捕食北奇虾的猎手，它的体型在当时已经处于塔尖了。因而这头巨兽完全可以悠闲自在地游来游去，安静地进食，

史前海洋大事年表

新元古代（10亿年前~5.41亿年前）

新元古代是元古宙的最后一个纪元，而我们目前为止找到的最早的化石就来自这个时候。新元古代又被分为埃迪卡拉纪(Ediacaran)、成冰纪(Cryogenian)和拉伸纪(Tonian)。

寒武纪（5.41亿年前~4.85亿年前）

三叶虫[1]之类的多细胞生物的出现预示了古生代的开始。寒武纪的生命大爆炸见证了地球生命发展进化。

奥陶纪（4.85亿年前~4.44亿年前）

寒武纪结束后，就进入了奥陶纪。这时候生命的形态都很单一；由于植物也很少，空气中的氧气含量不高。鱼类作为第一种真正的脊椎动物，开始进化。

志留纪（4.44亿年前~4.19亿年前）

奥陶纪－志留纪灭绝事件中，60%的海洋生物都灭绝了。在那之后的志留纪见证了陆地上生命形态的第一次多样化——苔藓状的植物开始在世界海洋和湖泊的各个角落繁衍生息。

泥盆纪（4.19亿年前~3.58亿年前）

泥盆纪是植物大范围多样化进化的时期，大陆上开始形成森林。在海洋里，脊椎动物正在加速进化，这也是为何泥盆纪被称作“鱼类时代”。

石炭纪（3.58亿年前~2.98亿年前）

石炭纪是古生代的倒数第二个纪元，在这一时期，全球形成了煤炭层。陆地生物得到了很好的发展，陆地上两栖动物和昆虫的数量种类也都丰富了起来。

二叠纪（2.98亿年前~2.52亿年前）

在古生代的最后一个纪元——二叠纪，地球主要是由盘古大陆这一块超级大陆构成，当时陆地周围也只有一片海洋，叫作泛古洋（Panthalassa）。到这个时期为止，哺乳动物、蜥蜴和昆虫都进化出了多种多样的形态。

① 一种海洋节肢动物。

布里斯托大学的雅各布·温瑟尔博士在一次化石考古活动中

奇虾类在寒武纪和奥陶纪时期的角色就像我们今天的鲨鱼和鲸鱼一样。

不用担心有任何其他的威胁——这完全就像是现代鲸鲨的生活。”

那为什么这样一位身躯庞大的优势生物要采取这样的行为方式呢？“北奇虾以浮游生物为食主要是环境造成的。这种情况总是发生，因为进化使得生物不得不适应环境。如果一种生物可以有专长，能采取别的生物做不到的方式获得食物，那么它的优势就非常明显了。”

小心！有下颌！

如果我们把寒武纪时期看作海洋生物进化之路中的一个实验性阶段，那么 4.85 亿年前至 4.44 亿年前的奥陶纪则是生命真正开始向多样化发展的时代；那时候，因为同种食物的竞争者太多，奇奇怪怪的进化也慢慢消失了。在奥陶纪，以浮游生物为食的无脊椎动物依然存在着，不过脊椎动物的出现——也就是各种各样长有下颌、咬合机制健全的鱼类，才让当时的生态系统有了明显的变化。

在奥陶纪之前，三叶虫和腕足类（brachiopods）是最常见的无脊椎生命，而到目前为止，其中的三桠绣

成功！温瑟尔博士在镜头前举起了三叶虫的化石

线菊（trilobata）仍然是科学家研究得最仔细的化石。此外，奇虾类也是那时的生态系统重要的组成部分之一。“奇虾的生态角色并不奇怪，它们就像是寒武纪和奥陶纪时代的鲨鱼和鲸鱼。”温瑟尔博士说，“在我们的论文里，我们强调食物链里有不同的级别。不同的动物会通过进化来进入这些食物链的级别，这个进化的轨迹可能是特定的。比如说，以浮游生物为生的大型生物可能是从大型的自由浮游的捕食者进化而来的；同样的，恐龙灭绝之后，我们可以看到哺乳动物通过进化填补上了恐龙空出来的生态角色。”

就是这样的进化过程促成了世界上第一种真正意义的脊椎动物——鱼类的出现。这种并系类群（paraphyletic group）的有机体在泥盆纪实现了真正的多样性，其下的鳐形目和肉鳍鱼类（大部分现代鱼类的祖先）迅速在整个海洋里繁衍生息。盾皮鱼（Placodermi）是一种特别的披甲鱼类，它凭借庞大的种群数量很快就占领了大片的海洋区域。从古生代的这一纪开始，四足动物开始进化出陆地上生存所需的四肢。

走出海洋

现在我们知道了在海洋的波涛起伏之下生命正在不断进化繁衍，那么什么样的生命体走出了海洋，爬上了陆地呢？答案就在环境之中。在寒武纪和奥陶纪时期，大气中的二氧化碳含量比今天高出 14~16 倍，这主要是因为持续不断的火山活动，再加上当时的海平面也不平静，植物几乎不可能在海洋以外生活。没有植物把大气中的二氧化碳转化为氧气，陆地上的

深海怪兽

北奇虾可不是这片史前海洋里唯一的恐怖猎手。

直角石

直角石（Orthoceras）是一种大型的头足类动物（cephalopod），在奥陶纪时期的海洋，它是当之无愧的海洋霸主。这一动物的化石遍布全世界，这说明当时直角石的捕猎范围覆盖全球的水域。这是一种早期形态的软体动物，体长最短只有1厘米，最长可超过4米。据说，直角石是现代乌贼的祖先。

板足鲎

板足鲎（Eurypterus）的同属物种都生活在奥陶纪时期，但这种形态的海蝎却漂荡在志留纪时期的海洋中。板足鲎最早是1818年在纽约的伯蒂地层发现的，从那以后就成为了纽约的州化石。它是一种广食性物种，也就是说它既是捕食者又是食腐动物。

邓氏鱼

泥盆纪时期，海洋脊椎动物开始形成鳃、鳍和下颌。史前盾皮鱼是第一种灵活运用这些特征的鱼类，而邓氏鱼（Dunkleosteus）则把它们当作了致命武器。邓氏鱼是一种食肉动物，身体最长可达10米，它的化石在美国、欧洲和非洲都有发现。

直角石和鹦鹉螺的化石是在摩洛哥的岩石里被找到的

生活是不可持续的。

大约在 4.2 亿年前，地球上的生命正在经历一次灭绝事件（史前的地球上共发生过五次大范围灭绝事件），这一次，冰期的出现使得 60% 的物种从地球上消失了。不过，随着这颗星球从这次的事件中恢复过来，大气开始变暖，这预示着一个全新的生物年代开始，新的生态环境会更适宜陆地生物的生存。第一批出现的生命包括早期的维管植物——莱尼蕨类（rhyniophytes），这种植物利用内部的管式系统将水分导入体内，让它们能够离开海洋、在陆地上生活，呼吸着此刻浓度相对适宜的二氧化碳。这种植物慢慢地生长，离潮汐处越来越远，成为了第一批非动物的陆地生命。

陆地动物

在大约 4.19 亿年前的泥盆纪，生命开始真正向陆地发展。第一批树形植物开始向内陆生长，极大地提高了空气中的氧气含量。这些早期的森林吸引了节肢动物的到来，比如说早期形态的蜘蛛和昆虫，因为它们发现陆地上的生活变得更加舒适了。

在志留纪出现的鱼类长着正常的类下颌结构，这些早期形态的鱼是四足动物的前身。四足动物一开始也许是以两栖动物的身份登上陆地的，后来它们进化成为了爬行类和鸟类——这是生命开始统治海洋和陆地的第一个标志。

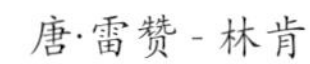

鹦鹉螺是在泥盆纪时期进化出来的软体动物早期形态

科学掠影

恐龙时代的精彩画面

蛇颈龙可能可以潜入海洋深处。

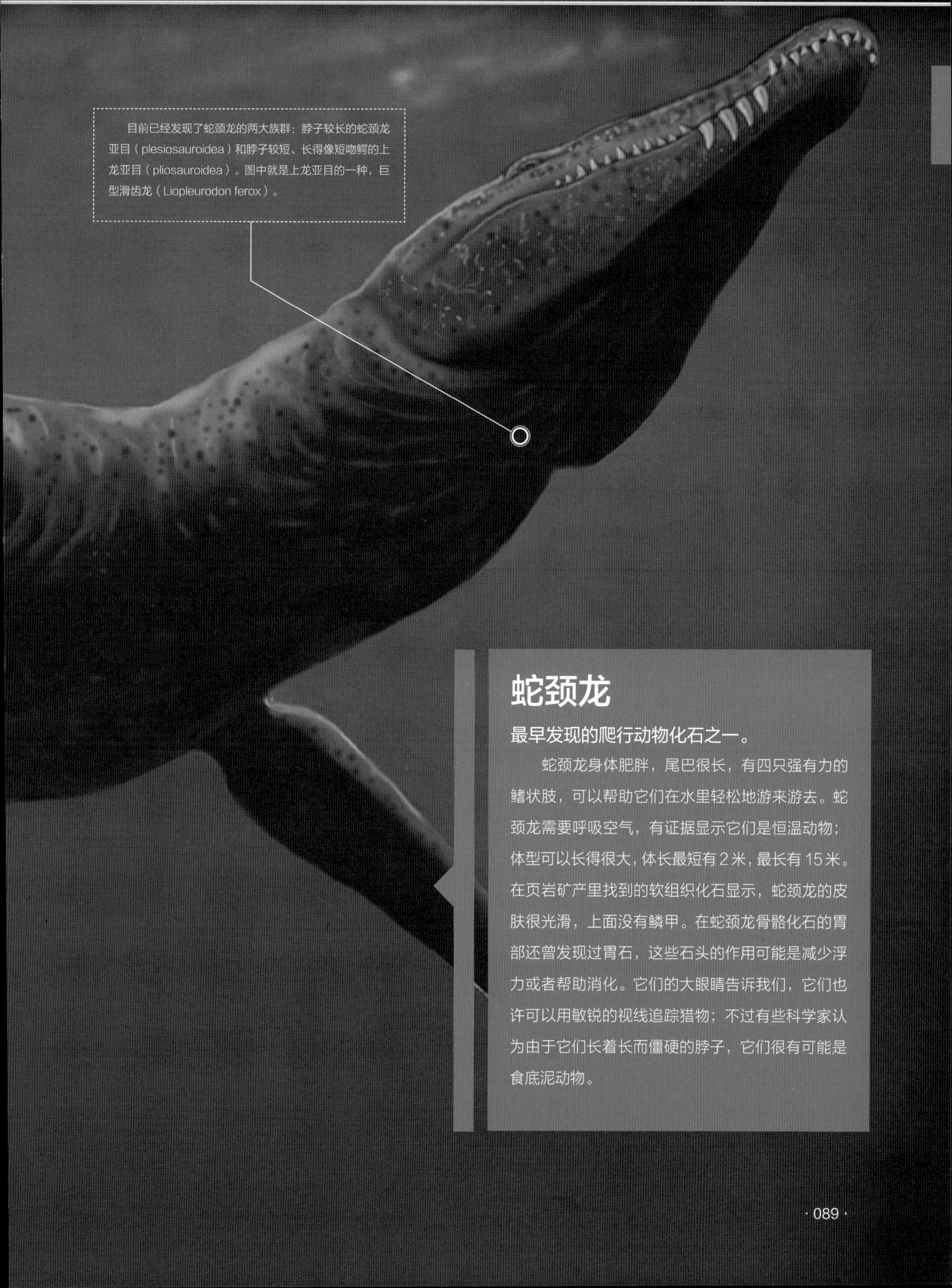

目前已经发现了蛇颈龙的两大族群：脖子较长的蛇颈龙亚目（plesiosauroidea）和脖子较短、长得像短吻鳄的上龙亚目（pliosauroidea）。图中就是上龙亚目的一种，巨型滑齿龙（Liopleurodon ferox）。

蛇颈龙

最早发现的爬行动物化石之一。

蛇颈龙身体肥胖，尾巴很长，有四只强有力的鳍状肢，可以帮助它们在水里轻松地游来游去。蛇颈龙需要呼吸空气，有证据显示它们是恒温动物；体型可以长得很大，体长最短有2米，最长有15米。在页岩矿产里找到的软组织化石显示，蛇颈龙的皮肤很光滑，上面没有鳞甲。在蛇颈龙骨骼化石的胃部还曾发现过胃石，这些石头的作用可能是减少浮力或者帮助消化。它们的大眼睛告诉我们，它们也许可以用敏锐的视线追踪猎物；不过有些科学家认为由于它们长着长而僵硬的脖子，它们很有可能是食底泥动物。

风神翼龙

风神翼龙是被误解最多的爬行动物。关于它，古生物学家们只达成了一个共识——它是有史以来体型最大的翼龙。

如果在学校里上过恐龙课，或是玩过顶级王牌，那么你一定很熟悉翼手龙这种生物。翼龙这一史前飞行类爬行动物飞翔在侏罗纪的天空，数量众多，以鱼类和其他小型动物为食。在捕猎的时候，它翅展 1.5 米的翅膀会在猎物身上投下一大片阴影，格外吓人。要比体型的话，风神翼龙是当之无愧的第一。

古生物学家们普遍的共识是：风神翼龙的翅展最长可达 7 米。1971 年，得克萨斯大学的学生道格·劳森（Doug Lawson）正在大本德国家公园（Big Bend National Park）为他的博士论文收集化石，无意中发现了一些翼龙的化石。

“他把那些材料带回去向他的导师——瓦恩·兰斯顿（Wann Langston）请教，兰斯顿看到这样巨大的翼龙，觉得难以置信。他们回到收集化石的地方，把那里翻了个遍，挖出了所有能够挖出的相关化石，最终他们意识到，他们发现了人类所知的最大的飞行类爬行动物。”戴维·安文（David Unwin）说。安文在莱斯特大学（University of Leicester）修习古生物学，翼龙也是他的研究兴趣之一。

兰斯顿和劳森发现的翼龙翅展达到 10 至 11 米，打破了之前的纪录。因此，研究人员把这种翼龙命名为风神翼龙（Quetzalcoatlus），这是阿芝特克人的羽蛇神的名字；不过有些讽刺的是，这种翼龙身上并没有羽毛，而是长有羽毛状的皮肤。

量尺寸

风神翼龙是神龙翼龙超科下的一员，神龙翼龙一科是白垩纪时期非常成功的一个翼龙分支，其他的神龙翼龙还包括浙江翼龙（Zhejiangopterus）和哈特兹哥翼龙。虽然其他的神龙翼龙都比风神翼龙体型要小，但是它们的形态学特征非常相似：神龙翼龙都有大脑袋、长脖子、比例上相对较小的翅膀和细长的后腿。

想到风神翼龙的巨大翅展，看到它有着“比例上相对较小的翅膀”，你可能会感到疑惑。要知道，11 米的翅展并不是常态。翼龙和鸟类一个显著的不同在于，成年翼龙的体型差异非常大。安文说：“最常见的风神翼龙翅展大约为 5 米。”如果放到人类世界里，这就好比一个身高 1.78 米的人和身高 3.4 米的巨人一起工作，却显得泰然自若——翼龙的世界真是神奇。

不管翅展是 5 米还是 10 米，都会增加身体的重量。风神翼龙的体重最轻估计有 30~40 千克（普遍认为没有这么轻），最重是 544 千克（一般认为这是个计算错误），现在比较流行的看法认为体重应该在 150 千克到 250 千克之间，那么，这么重的风神翼龙是怎样飞上天空的呢？它又为何要往天空发展？

飞还是不飞

很多人认为以风神翼龙的体重甚至根本没办法起飞；另一些人则相信风神翼龙能够飞翔，认为它可以采取和蝙蝠相似的“弹射”起飞法把自己推离地面。不过，2012 年德州理工大学（Texas Tech University）的森克·查德基（Sanker Chatterjee）

兰斯顿和劳森意识到，他们可能发现了人类已知的最大的飞行类爬行动物。

艺术家眼中风神翼龙可能的飞行姿态

艺术家眼中风神翼龙可能的站立姿态

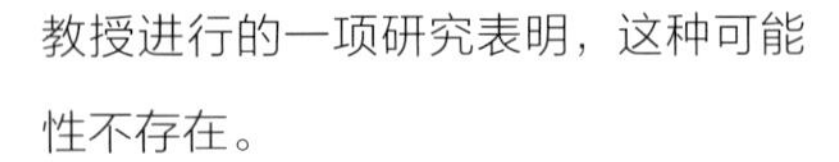

教授进行的一项研究表明，这种可能性不存在。

查德基说："有些研究人员提出的弹射理论根本不切实际，因为一只体重 250 千克的风神翼龙如何能够和一只体重仅有 25 克的蝙蝠相提并论？比例对于飞行来说至关重要。一只风神翼龙的体重是蝙蝠的 10000 倍，根据面容比，风神翼龙的肌肉力量仅有蝙蝠肌肉力量的百分之一。因而风神翼龙完全没有这样起飞的力量。"根据查德基所说，重力和肌肉力量将把体重限制在 80 千克，如果要从地面跃起，需要 2440 瓦特的能量；而风神翼龙的最大能量产出仅为 1660 瓦特。

查德基说："如果达不到这一数值的话，就可能会导致迫降。"不过他也做出了一些让步，认为如果风神翼龙像信天翁或是滑翔机一样，通过从高处跑下来加速的话，也许可以起飞成功。

这一理论遭到了古生物学家马克·维顿（Mark Witton）和迈克尔·哈比卜（Michael Habib）的反驳。在发表的《论巨型翼龙的体型及飞翔的

博物馆里陈列的风神翼龙骨骼模型。目前还没有发现完整的风神翼龙骨骼化石

多样性》《鸟类和翼龙的类比》和《论翼龙会不会飞》三篇论文中，他们指出了查德基的错误在于把鸟类的生物力学参数套用到翼龙身上，这两者的翅膀结构、解剖构成、骨头力量和起飞的运动学都非常不同，不能一概而论。安文也赞同他们的看法。

安文说：“只是简单地把鸟类结构扩大到10米的思路是不可取的，尤其是在已经有多条证据证明风神翼龙的确会飞的情况下，其中最关键的一点证据在于它们的前臂结构。我们都知道当鸟类完全放弃飞翔的时候，它们的前臂和翅膀结构会巨变。这些大型翼龙的巨大的翅膀和前臂都和它们的鸟类兄弟类似，如果它们不会飞的话就显得太奇怪了。”

出现各种猜测的一部分原因在于，目前仅有很少的风神翼龙标本被发现。在中国和罗马尼亚等地区的确发现了一些研究材料，但是那些化石只是碎片而非整具骨架，因而现在一般是把有根据的猜测当作标准。安文则认为我们已经找到了好几具哈特兹哥翼龙的完整骨架，它是风神翼龙的近亲，架构和鳞甲也类似，因而支持了风神翼龙会飞的说法。

如果风神翼龙的确可以飞翔的话，据估计，以这样大的翅展，时速最高能够达到172.8千米，保守估计时速也有80千米。

安文说：“风神翼龙究竟能不停歇地飞多远还没有定论。不过我认为它应该可以飞相当长的距离。”

要扇动这样巨大的翅膀需要大量的能量，因而滑行可能是风神翼龙最喜欢的飞行模式。它会飞到3048米至4572米的高空，然后借助气流滑翔几千米。它不飞翔的时候，应该是在地上生活，而非树上。

饮食需求

要填饱这样一只大型翼龙的胃口需要一张营养不间断的饮食计划单。同样的，关于风神翼龙的饮食习惯，科学家也有着不同的看法。

在劳森发现风神翼龙的时候，很多科学家认为它就像秃鹫一样，以已经死去的恐龙尸体为食。近几年，普遍看法转变为它比较像鹭和鹳，站在水流里捕食蛙类和鱼类，或是走上岸去捕食小型的哺乳动物、蜥蜴和蛇类。这两个理论都比较可信，不过安文提出了第三种捕食方法——浸润式。

他说：“这些动物脖子很长，可以当作钓鱼竿使用。它们会把喙浸入水中，然后把‘上钩’的鱼类钓上来。这基本上和海鸥的捕鱼方式类似。”

不过和大部分关于风神翼龙的讨论一样，这个也只是猜想。很少有关于这一飞行类爬行动物的文章，就连发现者之一、已经在2013年去世的瓦恩·兰斯顿也没能写出一篇相关的论文。不过在安文看来，尽管风神翼龙已经灭绝了6500万年，但看起来它的前途仍是一片光明。

“我们现在研究的条件更加成熟了，可以好好地去了解这一大型翼龙，”他说，“在过去十年里，我们已经在风神翼龙的身体构造方面达成了很多共识。需要探索的问题还有很多——这恰恰就是古生物学的趣味所在。”

詹姆斯·威茨
（James Witts）
科学记者
詹姆斯在英国伍斯特大学取得了运动科学学位，他从小就对化石非常感兴趣。

科学掠影

恐龙时代的精彩画面

沧龙

将猎物生吞的大型海洋爬行动物

在鱼龙和蛇颈龙衰落之后，沧龙这一大型爬行动物开始称霸海洋。它们的身体形状和现代的巨蜥类似，不过因为要游泳的缘故，更具有流线美。据推测，沧龙并非主动的捕食者，它们会等待猎物经过它们的面前，然后猛地发起攻击。它们与蛇类相似的头骨和下颌让它们能够吞下整个猎物而无须咀嚼，它们的捕食对象包括鱼类、软体动物和潜水鸟。沧龙的名字“Mosasaur”取自默兹河（Meuse River），因为 1764 年就是在这条河流经的石灰石采矿场发现第一块沧龙化石的。

在沧龙的鳞甲里发现了黑色素，这说明这种动物就像大白鲨一样，背部是黑色，肚皮是白色的。

翼龙和恐龙的血缘关系很远。
它们最后的共同祖先大概生活在2.37亿年至2.47亿年前的三叠纪中期。

翼龙家族

在恐龙称霸地球的年代，恐龙的远亲——翼龙也统治着天空。不过，大部分的翼龙都不是好莱坞电影演绎的那种可怕的怪兽，在这里，我们将揭秘翼龙家族……

10 双型齿翼龙

这只来自侏罗纪晚期的翼龙比看上去要小。

双型齿翼龙是最早的翼龙之一

双型齿翼龙（Dimorphodon）是最早出现的翼龙之一，生活在2.2亿年前的侏罗纪晚期；它也是最早被鉴别的翼龙。1828年玛丽·安宁（Mary Anning）在英国莱姆里吉斯发现了它——这是世界上发现的第三只史前飞行类爬行动物。双型齿翼龙的化石被保存在海底的石灰石和页岩层中，它们生前就生活在这片海域附近，飞到水上，用它们大而弯曲的喙捕食鱼类。这种翼龙的牙齿有两种（这也是它们名字的来源）：前面长而弯曲的尖牙，用于刺穿猎物；后面的牙齿则短而锋利。

双型齿翼龙的翅展大约有1.4米，在所有翼龙中体型算是中等。足迹化石表明这种翼龙在不飞行的时候用四肢行走，与翅膀相连的手指会向上和侧面伸出以保护翅膀——走起来更像是现代的蝙蝠而非鸟类。它同样也有一条长尾巴，可以在飞行中帮助掌握平衡。

很容易就可以想象出双型齿翼龙笨拙的飞行姿势，不过对这种翼龙头骨内部的研究显示，它有着敏锐的空间感和平衡感，这两者对飞行来说至关重要。

不飞行的时候，双型齿翼龙用四肢行走，与翅膀相连的手指会向上和侧面伸出以保护翅膀。

09 怀特翼龙

怀特翼龙的发现填补了化石记录的空缺。

我们目前拥有的怀特翼龙化石并不多，仅有一块来自盆骨带的化石，是生活在英国怀特岛上的小女孩——黛西·莫里斯（Daisy Morris）发现的，因而这一物种也叫作黛西莫里斯怀特龙（V. daisymorrisae）。不过这一块骨头就足以让南安普顿大学的古生物学家们坚信他们找到了一种全新的翼龙。

怀特翼龙生活在1.15亿年前，属于神龙翼龙超科的一员。据猜测，它的翅展有0.75米，没有牙齿，吻部很长，主要生活在森林里和冲击平原上。它们的四肢比例说明它们走路和飞行一样在行，这让它们具有了更高的灵活性。尽管和风神翼龙之类的神龙翼龙超科成员相比，怀特翼龙的体型相对较小；但是这种翼龙的发现填补了化石记录的空缺。因为史前欧洲独特的地质环境，在这里找到的翼龙化石标本比其他地方少很多。怀特翼龙的发现说明，尽管没有多少化石被保留下来，但是欧洲的翼龙物种和世界上的其他地方一样丰富。

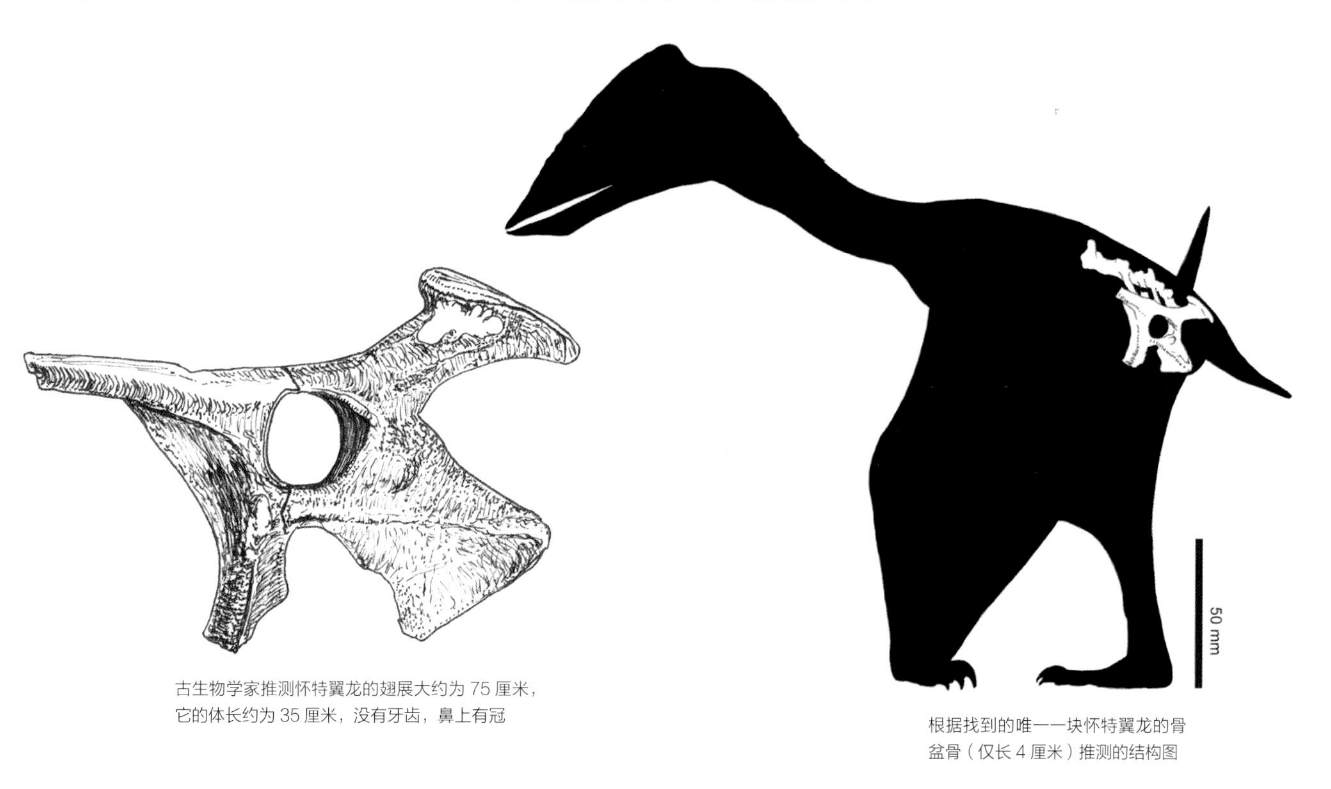

古生物学家推测怀特翼龙的翅展大约为75厘米，它的体长约为35厘米，没有牙齿，鼻上有冠

根据找到的唯一一块怀特翼龙的骨盆骨（仅长4厘米）推测的结构图

怀特翼龙的发现说明欧洲的翼龙物种和其他地方一样丰富。

08 无齿翼龙

电影里面恐怖的无齿翼龙在现实中只不过是有点爱炫耀罢了。

体型最大翼龙的桂冠并不属于无齿翼龙（Pteranodon），不过有着 7 米翅展的它看上去也足够吓人了。无齿翼龙的脑袋很长，有向后生长的顶冠，这样独特的外貌特征让它们成为最容易辨别的翼龙之一。

大约在 8500 万年以前，无齿翼龙的栖息地在现在的美国中部地区，这里曾经是一片水域。虽然没有牙齿，无齿翼龙可以用它们长长的嘴来捕食鱼类——有些无齿翼龙的化石嘴里还有它们晚餐结成的化石。这种翼龙似乎已经适应了在海面上飞行的生活，只会偶尔停歇在水面上捕食，然后再次飞入空中。这种生活方式并没有听上去的那么困难，因为无齿翼龙的翅骨、头骨和顶冠骨都是中空的，而骨壁只有 1 毫米厚。

那么这个顶冠有什么用处呢？过去的一段时间，科学家给出了很多假设，比如飞行中用来平衡头骨的重量，或是作为空中飞行的方向舵；不过这些理论都没办法解释为何雄性的顶冠比雌性的要大得多。

无齿翼龙曾经的栖息地是一片水域，就在现在的美国中部地区。

考虑到性别之间的差异，也许最让人信服的解释是：无齿翼龙特殊形态的头部是性展示的一种形式——雄性通过炫耀顶冠来向雌性证明它们的强壮，从而赢得交配机会。这样的解释让这种翼龙变得不那么可怕了，它们不再是恐怖的天空猛兽，而更像是打扮精致的孔雀从海洋的波涛上掠过。

南翼龙生活在 1 亿 500 万年前，它的头骨细长，下颌向上弯曲

07 南翼龙

生长迅速的粉红色大翼龙。

南翼龙（Pterodaustro）的重建模型一般都被加上了粉红色的皮肤，看上去就像是一只巨大的爬行类火烈鸟，长而弯曲的喙也和火烈鸟相似，除了它的喙是向上弯的。

南翼龙的粉红色皮肤并非异想天开。南翼龙的嘴里有几百颗上好的牙齿，它们的进食方式极有可能是这样：站在浅滩里，舀起满嘴的水，然后把水滤出，只留下里面的小盐水虾，再用嘴里上方的圆齿把盐水虾咬碎。正是这种食物给了现代火烈鸟漂亮的粉红色羽毛，因而南翼龙的外表颜色可能也会受到同样的影响。

这种翼龙生活在 1 亿 500 万年前的南非地区，身长可达 2.5 米。尽管它们的生存环境和它们本身脆弱的骨骼并不容易形成化石，但是我们仍然找到了很多相关的化石——从蛋壳里的胚胎到完全的成年形态皆有。基于这一证据，有些古生物学家推测：南翼龙（也许其他翼龙也是如此）在孵化之后会有一个快速生长的阶段，在它们生命的头两年就可以长到成年的一半体型，比刚孵化时增大 7 倍。

在这个阶段，南翼龙会达到性成熟，但是会继续生长三至四年。在这一点上，它们和鸟类很不同，因为鸟类只有在达到成年体型之后才会进入性成熟期。不过这也说明翼龙和鸟类的确有一个非常重要的相似点：快速成长所需的极高的代谢率，这与翼龙是恒温动物的假设也就契合上了。

南翼龙可能像现代的火烈鸟一样，以同一种小盐水虾为食。

艺术家眼中的比氏古魔翼龙

大型的食鱼古魔翼龙的翅展超过 4 米，头骨长度为 50 厘米，不过近年来它已被重新分类为科罗拉多斯翼龙（Coloborhynchus）

06 古魔翼龙

探索翼龙的颅内世界。

三维形态的古魔翼龙的化石被完好地保存在了石灰岩结节里。

翼龙的脑袋里究竟是什么样的呢？古魔翼龙（Anhanguera）给了我们答案。古魔翼龙属于翼手龙亚目，生活在 1.1 亿年前，翅展有 4~5 米，它的化石在巴西、澳大利亚和英国都有发现。大部分的翼龙化石都是扁平的，但是有些古魔翼龙的化石被幸运地保存在了石灰岩结节里，形状没有被破坏。

来自伦敦自然历史博物馆的研究人员将其中一块以三维形态保存的头骨化石放入酸性物质中，几年之后外层包裹物脱落，头骨就显现了出来。根据这一头骨，我们得到了脑壳内的三维图像，研究人员希望就此能够了解古魔翼龙的脑部结构：究竟哪些部分发育较好，哪些部分较薄弱，而这些特征和它们的行为举止又有什么联系？与此同时，从古魔翼龙的耳道方向可以看出，它会稍稍低下头，把嘴伸入海里捕食鱼类。

05 热河翼龙

吸血鬼还是食虫兽?

热河翼龙体型较小，生活在1.68亿年前至1.52亿年前的中国地区。科学家找到了保存完好的热河翼龙化石，上面甚至皮肤毛发都完好无损

大部分的翼龙吻部都是细长的，但是热河翼龙（Jeholopterus）却长着圆形的头骨。它生活在白垩纪时期的中国森林里，体型很小，翅展只有0.9米，因而它们可以灵活地在树木之间飞来飞去，捕食昆虫。

戴维·皮特斯是一名自然历史作家（并非专家），他在2003年提出了一个理论，认为这种小型翼龙实际上是一种吸血动物，会用尖利的牙齿和突出的下颌来刺破大型猎物的皮肤，吮吸它们的血。不过《暮光之城》的粉丝们可能要失望了，古生物学家们并不认同皮特斯的结论。

现实并不具备这样的戏剧效果，热河翼龙是一种食虫动物，会用小而尖的牙齿捕捉飞虫，在光线很暗的时候，它的大眼睛会帮助它锁定猎物。有趣的是，这种翼龙的正模标本（即被正式鉴定为热河翼龙的化石）上存留有大量的软组织，包括皮肤、翼膜，还有全身毛发状的覆盖物（这些“密集丝状物”是所有翼龙的共同特征）。

据研究人员说，热河翼龙的翼膜结构格外复杂，说明它们可以在空中对飞行姿势和方向进行细微调整，从而帮助它们在树梢和灌木丛里抓住小型无脊椎动物。

热河翼龙在白垩纪时期生活在今天中国地区的森林里，它是一种食虫动物，会捕捉飞虫。

04 哈特兹哥翼龙

这几乎是最大的飞行类爬行动物了。

哈特兹哥翼龙是最大的翼龙之一，翅展大约有 11 米，身高 5 米，和风神翼龙的体型类似。它的头骨大约有 3 米长，是陆地动物中的第一；下颌长有凹槽，说明它的嘴巴可以张得非常大。

6500 万年前，这种巨大的生物飞翔在今天欧洲的上空。体型如此巨大的恐龙真的能飞翔吗？或者这种飞行类爬行动物的翅膀其实完全只是摆设？哈特兹哥翼龙的头骨和其他种类的大型翼龙的头骨有极大的不同，其他的翼龙头骨可能是由轻量型骨板构成。而哈特兹哥翼龙的头骨更结实一些，不过它的内部骨骼是泡沫状的，所以实际上并没有看上去那么重。

问题就在于我们并没有更多的资料可以进一步地了解这种翼龙。目前为止，我们还没有发现完整的哈特兹哥翼龙化石，而我们已有的骨骼化石里并不包括它关键的翅膀。因而，两方的说法都有其合理性：哈特兹哥翼龙既有可能一辈子都生活在地面上，也不排除它会在天空盘旋，在俯冲向猎物时候投下巨大的阴影。

哈特兹哥翼龙属于神龙翼龙超科，生活在白垩纪末期。如图所示，它比人类高大得多

我们还没有找到哈特兹哥翼龙的完整化石，而目前已有的骨骼化石中没有包括它最重要的翅膀。

03 喙嘴翼龙

“黑翼”带来的新发现。

侏罗纪时期喙嘴翼龙的模型

明氏喙嘴翼龙的化石标本

大脑复原显示它一定有着聪明的头脑，才能控制如此敏捷的四肢。

我们已经发现了超过 100 具的喙嘴翼龙（Rhamphorhynchus）化石标本，这让它成为了我们最了解的翼龙之一。喙嘴翼龙生活在 1.44 亿年至 1.72 亿年前的侏罗纪中期和晚期，它的翅展在 0.4 米到 1.75 米之间，化石主要是在德国、英国、葡萄牙和坦桑尼亚找到的。

对于古生物学家来说，喙嘴翼龙化石的价值不仅仅在于数量，也在于它们的高质量，它们的部分化石上还保留有大量的软组织残留。通过这些软组织，我们了解到喙嘴翼龙的长尾巴末端两侧长有钻石形状的襟翼，作用可能类似于保持平衡的鱼尾，或是控制起飞的桨叶。喙嘴翼龙喉咙上也有囊袋，这一点与现代鸟类相似，可能是用于求偶展示和储存食物。

所有的喙嘴翼龙化石标本中，数 2001 年在德国发现的“黑翼”化石标本最重要。这块化石上保存完好的软组织颜色深暗，因此有了“黑翼”这个名字，而这个标本的发现帮助我们进一步了解了翼龙飞行的秘密。通过紫外线扫描，研究人员辨别出了其翅膀的精细结构。喙嘴翼龙翅膀上的皮肤不仅仅有用于感应气流和滑翔的翼膜，皮肤之下还有血管和肌肉；此外，还有额外的加固“零件”——长纤维，因而喙嘴翼龙可以灵活地控制飞行。根据对其大脑的复原，研究人员认为它一定有着聪明的头脑，才能控制如此敏捷的四肢。

02 妖精翼龙

这种来自侏罗纪早期的翼龙长有神奇的顶冠。

妖精翼龙（Tupuxuara）的翅展为 4.5 米，体型只能算是中等；不过它有一个极为突出的特征：没有牙齿的头骨上长有一个高达 1 米的巨型顶冠——这可以让任何莫西干朋克发型黯然失色。

妖精翼龙生活在 1.1 亿年前的巴西地区。它长而锋利的喙部就像是一把灵巧的长矛，方便捕捉猎物。和其他大部分的翼龙一样，妖精翼龙很有可能也是以鱼类为食的；但是它的顶冠究竟有什么作用还没有定论。据猜测，这可能是用于在空中转弯的生物力学船舵，或者是用于降低体温的。从适应角度来看，这个顶冠怎么看都有些碍事，因而有些古生物学家认为这可能是用于求偶的，就像是现代鸟类一样。雄性妖精翼龙的确有可能通过顶冠来向雌性展示它们的强壮，以赢得交配机会。可是问题在于，妖精翼龙身上并没有出现两性异形，因而这一推论的真实性就有待商榷了。

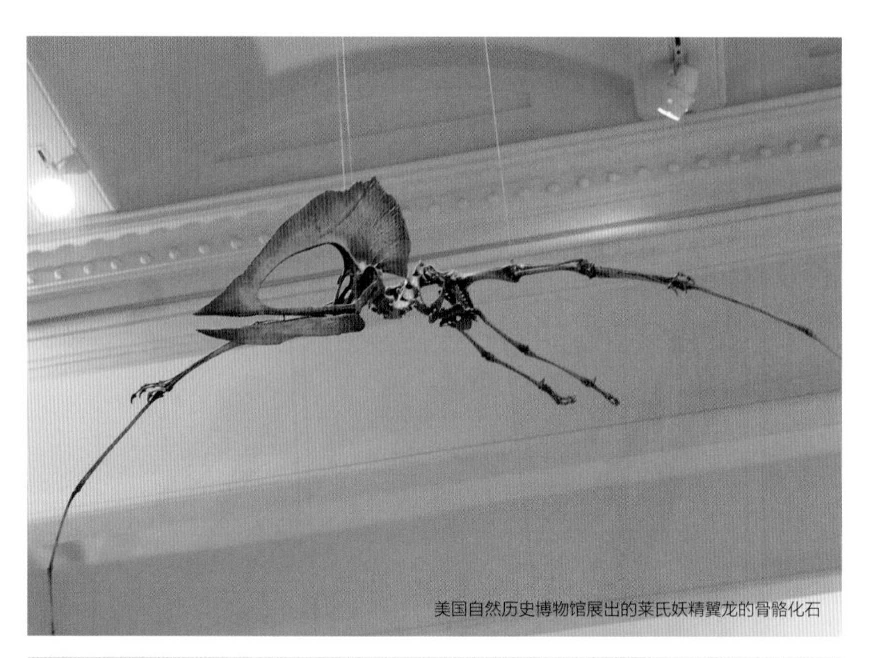
美国自然历史博物馆展出的莱氏妖精翼龙的骨骼化石

艺术家眼中的莱氏妖精翼龙（左）

妖精翼龙长而锋利的喙部就像长矛一样帮助它们捕鱼。

01 达尔文翼龙

翼龙进化史中缺失的一环。

三种已知的达尔文翼龙之一——模块达尔文翼龙的化石

艺术家眼中的达尔文翼龙

达尔文翼龙（Darwinopterus）的体型只有乌鸦那么大，肯定算不上是最吸引人的翼龙，但是它的化石是和一枚翼龙蛋一起找到的，从而让我们详细地了解了这一种飞行类爬行动物。这枚蛋并没有破，可以推断它是以软壳形式被生在地下巢穴里的，这也让我们知道这只一起被发现的翼龙为雌性；其他发现的标本身上没有顶冠，说明达尔文翼龙是两性异形的。

不过，最激动人心的部分还在于它是如何进化的。达尔文翼龙生活在1.6亿年前，也就是在原始的喙嘴翼龙之后、翼手龙亚目之前出现——它是物种进化中缺失的那一环。达尔文翼龙也并非全身骨骼都有变化，它的整体身体架构还是和基本的喙嘴翼龙相似，但是它的头骨和颈部发育得像更为完善的翼手龙亚目。达尔文翼龙的脖子和吻部都很长，牙齿稀疏而锋利。这些特征加上既不会游泳也不会爬树，使得这种翼龙很有可能会捕食空中其他的脊椎动物。

达尔文翼龙的前胸和后背差异非常大，要不是我们已经找到了完整的标本，会误以为是两个物种被错误地拼接了起来。

莎拉·迪顿
（Sarah Ditum）
科学记者
莎拉是一名自由撰稿人，为《新政治家》和《卫报》写科技文章，也会报道一些社会政治事件。

风神翼龙的模型在英国皇家学会350周年展上展出

你问我答

戴维·昂温博士的问答时间

问：您是从什么时候开始对风神翼龙感兴趣的呢？

答：20 世纪 80 年代，我正在读博士，那时候我去得克萨斯与瓦恩·兰斯顿工作了一段时间——就在标本存放的研究中心，就是从那时候开始，我对风神翼龙萌发了强烈的兴趣。

问：风神翼龙最与众不同的特点是什么呢？

答：应该说整个翼龙家族都非常特殊。鸟类会产卵，在巢穴里孵化后代，小鸟出生以后可以迅速长大，它们长至 80% 大的成年体型时开始长出羽毛。可是翼龙在发育阶段的早期就会飞翔，然后在飞行中长大。这就有点像起飞时的 10 架小飞机在天空中加大变成了大型喷气式飞机。

问：有关风神翼龙的体重问题一直存在争议，关于这个问题，现在有什么进展吗？

答：如果能够得到资助的话，我们将可以重启一个研究项目，然后仔细分析我们的计算是否有误。主要的问题之一在于人们总是只运用一种估算方式，要么把风神翼龙和鸟类类比，要么只是运用一些几何学技巧。我们需要的是纵观全局，厘清不同方式之间的相互联系。

由于风神翼龙体型庞大，我们很难得到精确的结果。传统的方式会通过观察现存动物来推断已经灭绝了的动物的行为习惯，不过这很有可能会误导我们。我们必须回到化石材料上去，一切从头开始。

翼龙可以在飞行中成长。这就像是起飞时候的 10 架小飞机在空中被加大成了大型喷气式飞机。

戴维·昂温（David Unwin）博士
在英国莱斯特大学攻读古生物学，对翼龙研究有独特的兴趣。

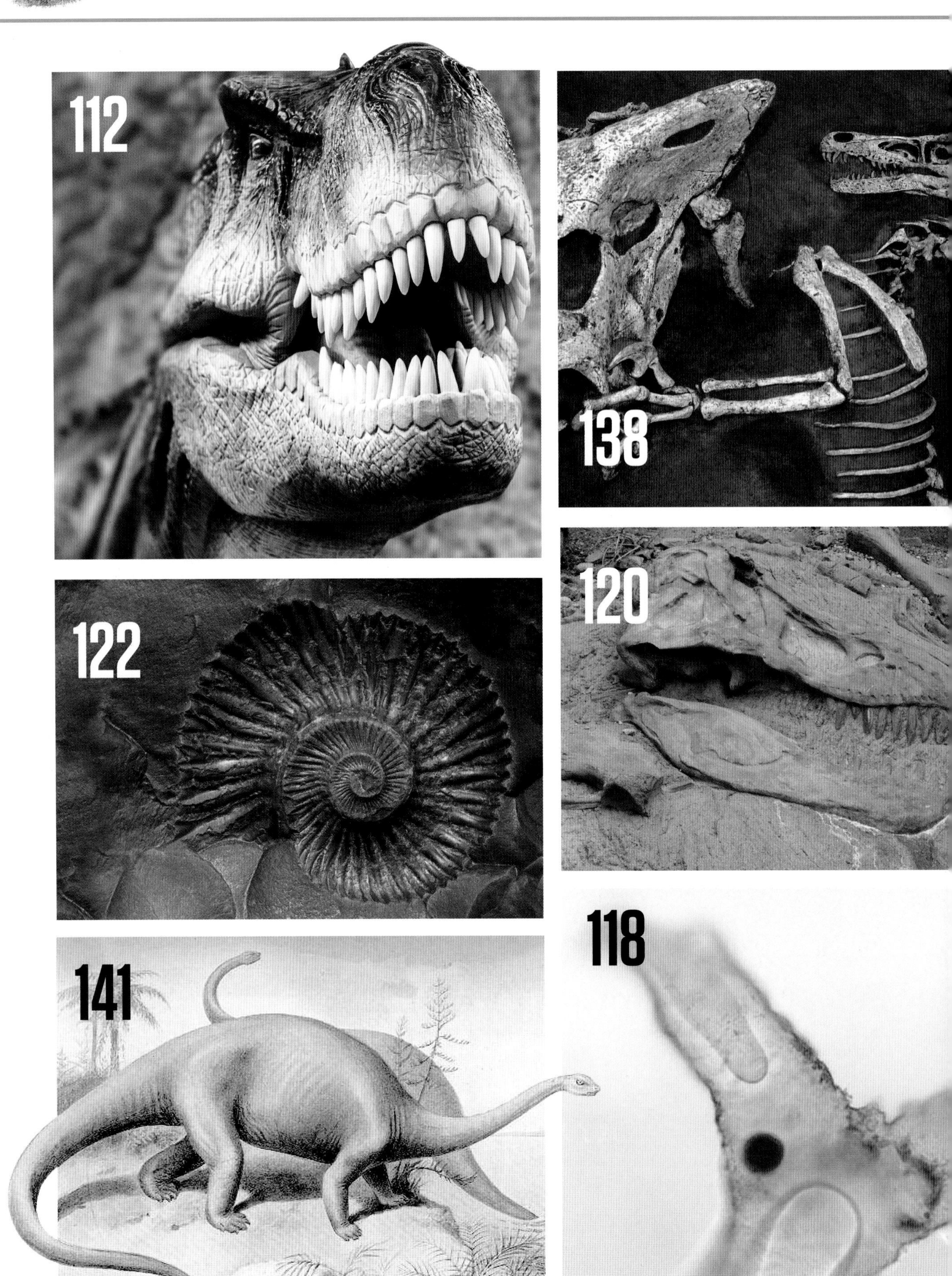
112
138
120
122
141
118

4 恐龙化石研究

恐龙可以分为两个大类。
这两个大类分别叫作蜥臀目（saurischia）和鸟臀目（ornithischia）。

复活恐龙

恐龙细胞或基因的发现，是否意味着我们有一线机会复活这一消亡已久的物种？

坐在昏暗的电影院里，盯着屏幕上的游客中心，埃莉·萨特勒（Ellie Sattler）博士摇了摇头，低声感叹："远古基因从何而来呢？恐龙已经消亡了1亿年，从哪儿采集到它们的血液呢？"《侏罗纪公园》这部电影里的场景我们都很熟悉，里面似是而非的科学道理让影迷们不禁开始思考，为何我们不能够用克隆技术把恐龙带回身边？没准儿我们真的可以！因为我们已经发现，采集到1亿年前的恐龙血液是有可能实现的。

在《侏罗纪公园》拍摄以前，北卡罗莱纳州立大学（North Carolina State University）的玛丽·施韦策（Mary Schweitzer）已经在恐龙的骨骼化石里发现了微量的血液。教科书上说，血液和骨细胞极难在化石中保留下来；但是在2015年，《科学》杂志发表了施韦策拍摄的图片，上面似乎是雷克斯暴龙腿骨上的骨细胞和血管。施韦策说："从各方面来看，我们发现的这种软组织都和今天的血液及骨细胞是一致的，这和我学到的一切知识都背道而驰！"

变革者

这些图片在科学界掀起了轩然大波。如果能够证明施韦策发现的软组织的确来自已经消亡了上亿年的恐龙的话，那我们关于化石作用的理论就会被推翻，而萨特勒博士的疑问也就有了答案。对于科幻迷来说，只不过把复活暴龙的工具从血液变为基因罢了。只要从软组织里提取出基因，把它放入鸵鸟蛋里，然后，变！一只恐

褪去雷克斯暴龙的盔甲

雷克斯暴龙这位恐龙明星有没有可能身披羽毛?

击破了雷克斯暴龙直立行走的谣言后，古生物学家正在寻找证据证明这种闻名于世的恐龙实际上并非身披鳞甲，而是长有一身五彩斑斓的羽毛。

很久以前，科学家就认为现代鸟类与远古恐龙有着密切的联系。在过去的 20 年中，雷克斯暴龙的两位近亲——羽暴龙（Yutyrannus）和帝龙（Dilong）的标本被发现，它们保存完好、身披羽毛。这强有力地证明了在肉食性恐龙中，一身五彩的羽毛可能是“时尚”。不过如果雷克斯暴龙长有羽毛的话，也不会太浓密，因为这么庞大的动物很有可能会因为厚重羽毛的隔热作用而“中暑”。要得到这个问题的终极答案，可能只有靠复活恐龙才能实现了。

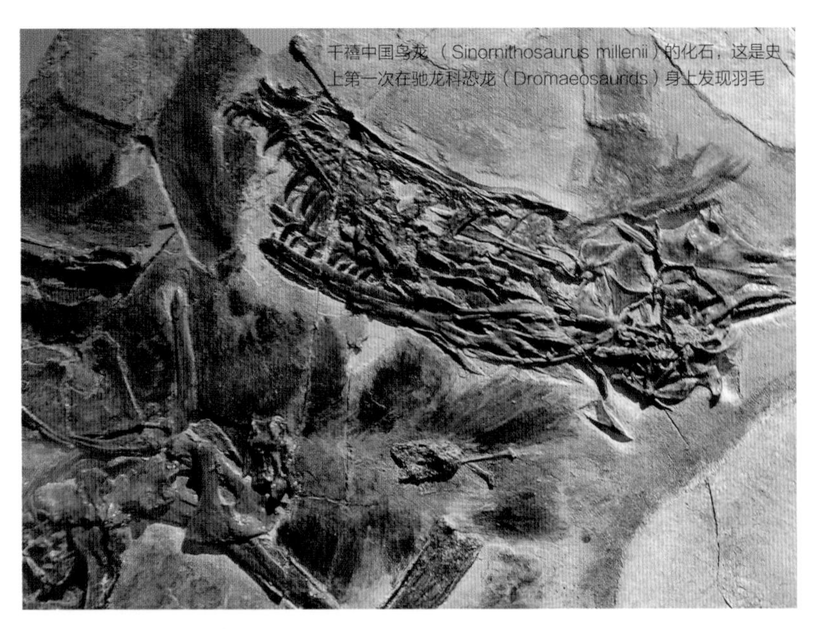
千禧中国鸟龙（Sinornithosaurus millenii）的化石，这是史上第一次在驰龙科恐龙（Dromaeosaurids）身上发现羽毛

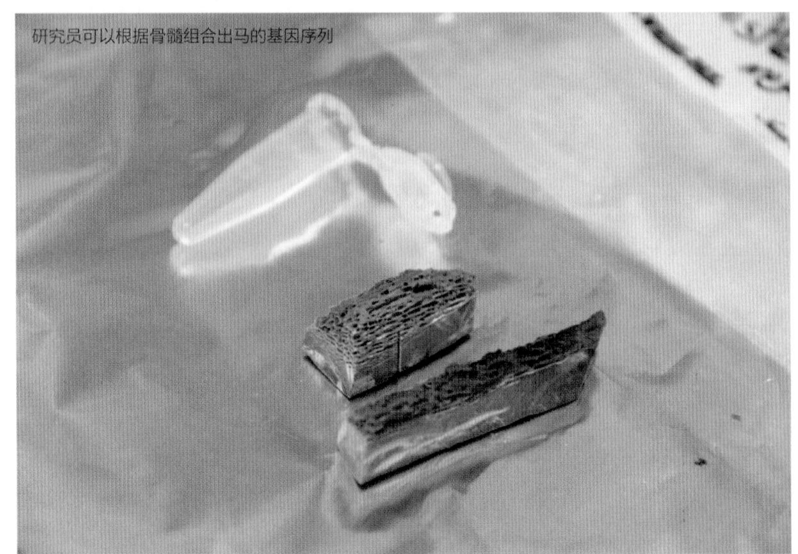
研究员可以根据骨髓组合出马的基因序列

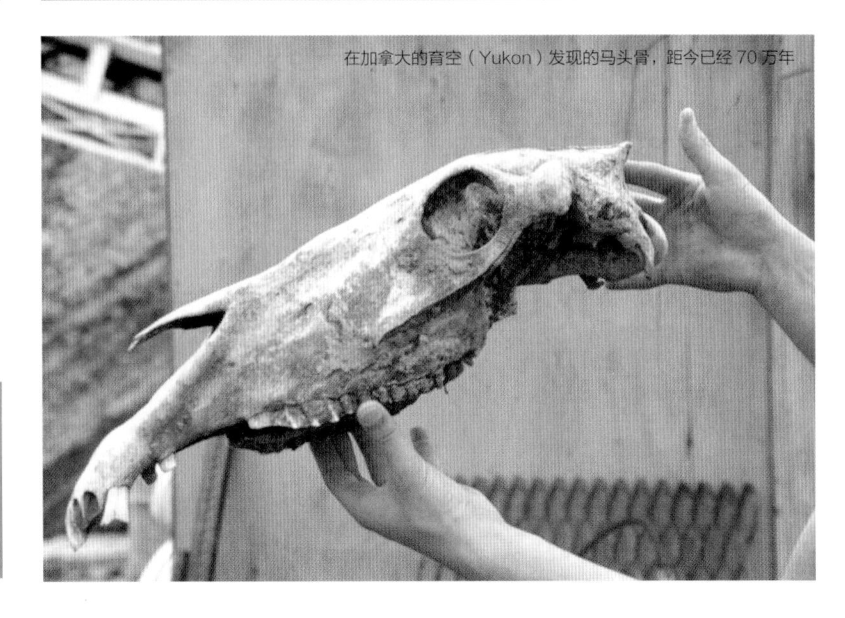
在加拿大的育空（Yukon）发现的马头骨，距今已经 70 万年

地质记录中的确存留有血管之类的易腐朽组织。

更冷的气候

侏罗纪和白垩纪时期的气候比今天要温暖很多，那时候北极和南极还没形成厚厚的冰盖，而是郁郁葱葱的森林。如果恐龙是冷血动物的话，现在的天气对它们来说可能太冷了些。

更低的二氧化碳含量

那时候相对炎热的天气可能是由于大气层中有大量的二氧化碳，那时的含量为1000ppm，而今天的含量仅有400ppm。恐龙可能已经适应了氧气稀薄的空气，那么它们怎么适应今天的环境呢？

新的捕食者

恐龙最大的威胁将来自于人类，正如我们在《侏罗纪公园》里看到的那样：人类除了创造恐龙，还奴役了它们，然后恐龙逃走了，人类就将枪口对准了恐龙。或者，这就像埃莉·萨特勒博士戏称的那样，恐龙吃光了男人，地球现在属于女人了。

新的食物

我们还不确定草食性恐龙吃的是哪一种植物，但是据科学家推测，它们是没有咀嚼能力的。它们把食物整个吞下，让胃里的石头或消化植物的酶发挥作用。这些酶可能是专为消化当时的植物而生的，而那时候的植物种群在今天已经所剩无几了。

龙就出现啦！

事情没有那么简单。都柏林大学（University College Dublin）的化石专家帕特里克·奥尔（Patrick Orr）博士这样解释："从发现软组织结构到确定其中的蛋白质和基因的分子标签还需要一个过程。"奥尔博士曾在1000万年前的石块里发现了骨髓，但是他的研究并没有达到化学成分分析这一阶段。奥尔博士说："地质记录中的确保留下来了血管之类容易腐朽的组织，但是玛丽·施韦策讨论的实际上是化学反应的限度。我们涉及的领域完全不同。"

基因探讨

铺天盖地的批评涌向了施韦策，很多科学家质疑她的分子分析，但是施韦策仍然很乐观。她对发现的血管进行了"几万种测试"，得出的结论依然没有改变，她相信她发现的是恐龙的蛋白质。不过当谈到恐龙基因这个问题的时候，施韦策就保守起来了，她说："我并没有做过基因研究，因为没有合适的实验室。"

尽管如此，施韦策的团队在发表的论文中提到：对来自雷克斯暴龙的细胞样结构，他们已经做了基因测试，这是与蛋白质测试同步进行的。研究中，他们发现这个结构上抗体与"基因类似物"的连接方式与鸵鸟体内抗体与基因的连接方式相同。

最适合复活的五种远古生物

复活恐龙暂时是没有可能了，那目前来说，最有可能复活的是哪些生物呢？

我们认为新近灭绝的物种更有可能被复活，它们在时间上离我们更近，也更容易找到仍然存活着的近亲；或者说我们可以在物种灭绝前就采集它们的基因进行保存——科学家就是通过提前保存好的基因复活了庇里牛斯山羊（Pyrenean Ibex）。

1

庇里牛斯山羊（于2000年灭绝）

庇里牛斯山羊是伊比利亚野生山羊的一种。它是唯一一种曾经复活成功的动物，尽管只是苟延残喘了几分钟。2009年，科学家从低温储藏的皮肤组织中提取出了庇里牛斯山羊的基因，克隆出了一只小羊，但这只小羊在出生之后不久就因肺部感染而死亡了。

2

南方胃育蛙（于1983年灭绝）

南方胃育蛙（Southern Gastric Brooding Frog）是一种神奇的动物，雌性可以将它们自己的胃部变成子宫，孕育后代。来自新南威尔士大学（University of New South Wales）的研究人员致力于研究这一物种，他们将胃育蛙的基因置入它的近亲——青蛙的去核卵细胞中，成功培育出了胚胎；但是到目前为止这些胚胎还没有变成蝌蚪。

3

塔斯马尼亚虎（于1936年灭绝）

浑身布满条纹的塔斯马尼亚虎（Tasmanian Tiger）是袋獾的近亲。2008年，科学家为了更好地了解这一灭绝已久的物种，将塔斯马尼亚虎的基因注入老鼠的胚胎，发现这一基因片段在晶胚形成软骨和其他骨骼的过程中发挥了重要作用——用这种方式，塔斯马尼亚虎获得了第二次生命。尽管如此，关于复活这一有袋动物的话题，科学家却都避而不谈。

4

旅鸽（于1914年灭绝）

当本·诺瓦克（Ben Novak）还在麦克马斯特大学[①]（McMaster University）的远古基因研究中心的时候，他就想要复活已经消亡的旅鸽（Passenger Pigeon）了，他正在尝试组合出旅鸽的基因碎片，并将其与斑尾鸽（Band-tailed Pigeon）的基因结合在一起放入岩鸽（Rock Pigeon）的卵细胞，期望能创造出一只科学怪人版超级混血旅鸽。

5

猛犸象（于公元前1650年灭绝）

科学家最近在西伯利亚的永久冻土里发现了来自猛犸象（mammoth）的骨髓、毛发和皮肤样本，他们正在自己检查这些样本，看是否能够找到活细胞和包含基因信息的细胞核。就算能够找到一颗完整的细胞核，也可能很难将它植入到大象的卵细胞中去，因为目前还没有人成功做到过。

① 麦克马斯特大学成立于1887年，位于加拿大安大略省优美的旅游城市汉密尔顿。

那么我们究竟能不能提取到恐龙基因？因为古生物学家都避免谈论基因，所以很难找到这个问题的答案。不过，来自布里斯托大学的古生物学家雅各布·温瑟尔（Jokob Vinther）博士研究的就是基因问题。他所属的团队有 56 个成员，科研实力强大，之前他们发布了一组基因图谱，这些基因来自一匹 70 万年前的马，它的骨头被冰冻在加拿大育空（Yukon）的永冻层里。之前发现的最古老的基因组是来自 60 万年前的生物的，温瑟尔的团队打破了纪录。

温瑟尔解释道，那些远古的分子降质严重，“基本看不出基因的结构了”；他又继续说：“但是我们找到了很多小碎片，我们将长度足够的部分拼接起来，就得到了这匹来自远古的马的基因组。”他们参照的模板是现代马的基因序列组。不过，如果想要拼凑出恐龙的基因组就困难多了，因为我们完全没有参照物，不知道完整的恐龙基因究竟是 2000 条还是 20 万条。此外，恐龙来自更遥远的时代，可能需要回溯数千万年才能找到它们的基因。所以，尽管温瑟尔承认施韦策的发现是意义非凡的，但是他觉得施韦策可能对数据进行了过度解读。

施韦策本人也对恐龙基因的完全重组抱有怀疑。她说：“就算我们有了恐龙的完整基因组，我们也不知道它们究竟有几条染色体。”这是因为我们无法通过基因代码本身找到关于其在恐龙细胞的染色体内是如何排列的信息。

越寒冷的环境越适宜保存组织

大揭秘——保存组织的最佳环境

我们都知道冰冻可以减缓细菌的生长速度，这就是为什么我们用冰箱来保存食物。西伯利亚的永久冻土是保存生物组织结构的最佳场所，在那里出土的猛犸象标本几乎完好无损。与猛犸象一起出土的还有它的血液、肌肉、皮肤和毛发组织。之后一连串的发现让科学家们兴奋不已，因为有了这些组织，我们极有可能破解猛犸象的基因。

尽管我们已经找到了恐龙遗留下来的软组织，但不等于找到完好无缺的基因，因而想要电影中的场景在现实中出现基本是不可能的了

能不能从远古蚊子的身体里找到恐龙的基因？

《侏罗纪公园》里就是这么演的——科学家从琥珀蚊子的体内找到了恐龙的基因，但是现实生活中有没有可能做到呢？

你可能在想："等等，《侏罗纪公园》里科学家可不是从化石骨骼中找到恐龙的基因的！"的确如此，我们都记得很清楚，电影里科学家是从琥珀蚊子的体内提取到它们曾经吸食过的恐龙血液的。那么为什么我们不这么做呢？《公共科学图书馆·综合》（*PLoS One*）杂志上发表的一项研究说明了这一问题。

来自曼彻斯特大学（University of Manchester）的研究员们尝试着从两块蜜蜂琥珀中提取出基因，一块来自于10600年前，另一块则仅存在了60年，但是这两次尝试都失败了。于是科学家得出了一个结论，认为第四纪（Quaternary period）的昆虫样本就已经很难完好地保存基因了，更不用说那些来自于恐龙时代的昆虫样本了。就算之前有实验结果声称已经从类似的样本中提取出了基因，但根据此项研究，那些基因样本应该都已经被微生物污染了。

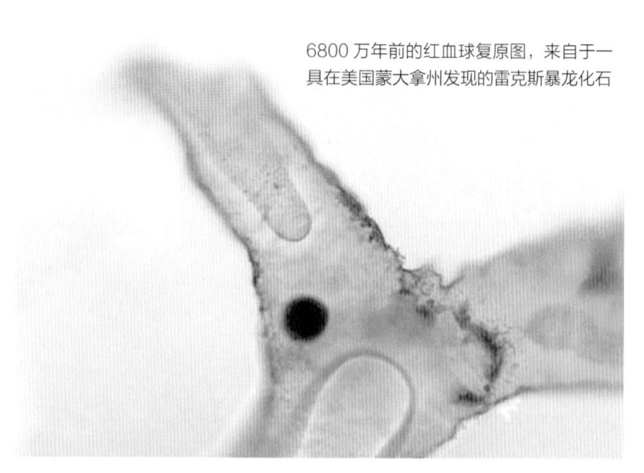

6800万年前的红血球复原图，来自于一具在美国蒙大拿州发现的雷克斯暴龙化石

从同一个样本的腿部提取出来的还未完全分解腐烂的软组织

很多人可能会选择雷克斯暴龙作为恐龙中第一个被复活的对象

施韦策指出，染色体的数量决定了生物的构成。人体内共有 46 条染色体，如果删除或是复制任何一条都可能导致毁灭性的结果。同样的，在重组雷克斯暴龙的基因的过程中，如果我们弄错了任何一条染色体的话，后果将不堪设想。

所以说《侏罗纪公园》里恐龙复活的场景可能永远都只是镜中花。来自伦敦大学玛丽皇后学院（Queen Mary University of London）的戴夫·霍恩（Dave Hone）博士是一名生物学家，也是恐龙研究的专家，他说他甚至不明白为什么会有人把这个话题当真。当《科学》杂志尝试着告诉霍恩博士，这是因为那些科幻电影时，博士不假思索地回答道：“那些只是电影而已。我也看过《异形》，但那不意味着我们要登上星际巡航舰去拜访别的星球，我们要做的是怎么才能让外星人找不到我们。”

《侏罗纪公园》中的场景成真的可能性微乎其微

霍恩博士补充道，组合出完整的恐龙基因组只是复活恐龙的第一步，之后还需要面临一系列问题，如把基因植入细胞，然后再把它们培育成胚胎，成功的机会寥寥无几。就算能成功，需要付出的努力也是难以想象的——回想一下我们克隆绵羊多莉的艰辛，更何况是克隆恐龙这种我们所知甚少的动物。当我们问到霍恩博士对其他动物的复活项目的看法时，他似乎显得稍微乐观了一些，比方说旅鸽，因为我们在博物馆里收藏有旅鸽的标本，而且现在还有很多旅鸽的近亲存活，所以霍恩博士认为克隆出一只旅鸽要比复活恐龙实际很多。

与此同时，施韦策继续着她的研究，她迫切地想要知道恐龙是如何进化的；但是谈到克隆，她的兴趣并不大，她说：“只带回来一只雷克斯暴龙有什么意义呢？最小可存活的族群数量是 5000 只，我们上哪儿找 5000 只恐龙的基因？就算把它们都复活了，它们又该生活在哪里？”

呃，要不把它们放到侏罗纪公园里呢？

我们上哪儿找5000只恐龙的基因？就算把它们都复活了，它们又该生活在哪里？

海利·伯奇（Hayley Birch）
《科学大问题》一书的作者之一，她曾获得理查德·格雷戈里奖，以奖励她为科学传播做出的贡献。

科学掠影
恐龙时代的精彩画面

古生物学之下又细分为很多不同的学科。

古生物学

复原和研究化石的科学

几千年来，人类一直在寻找各种各样的化石。古希腊人和古罗马人很有可能曾经发掘过一些遗址，而在2000多年前的古籍上，中国人也曾发现过“龙骨”；不过发掘和研究化石真正成为一门科学还是最近的事。凭借古生物化学，科学家发现了生活在5亿年前的鱼类，了解了地球历史上出现过的几次物种大灭绝，也找到了达尔文生物进化论的证据。在美国和加拿大发现了大量的化石，仅在加拿大阿尔伯塔省立恐龙公园（Dinosaur Provincial Park）一处就发现了30多个不同的物种。近年来出土化石的热点地区有中国、阿根廷和蒙古。

古生物学是有关于化石的科学，它能够告诉我们在过去我们有着怎样的生态环境，生命是如何起源进化的，以及人类是怎样慢慢成为地球的主宰的。

历尽艰辛终成化石

在地球上形成一块化石，需要经过非常复杂和艰难的过程，因而化石罕见也在意料之中了。

动物死亡之后，被裹在泥土之中保存了几百万年；侵蚀的作用让它在地表露出端倪，然后人们就发现了它的化石。初看一眼，化石作用的过程显得轻而易举，但仔细想想就会明白背后的艰难。

化石的种类

化石主要分为两大类，身体化石和痕迹化石。身体化石包括骨骼、爪子和牙齿的化石；痕迹化石也叫作遗迹化石（ichnofossil），指的是恐龙活动留下的痕迹，如足迹、巢穴、粪便和齿痕化石。

化石形成的基本过程将会在《化石形成的阶段详解》一文中详细介绍。这个过程在小学老师的口中解释起来非常轻松，但是事情绝对没有这么简单。动植物的组织可以通过多种方式保存下来，但是不同的方式保留的细节程度各异。

琥珀化石可能是所有化石中形成难度系数最低的化石，不过走近它的形成过程可以让我们对化石的形成有个清楚的认识。琥珀化石形成的第一步，昆虫掉入黏稠的树液中，被困在树里；接着，随着时光推移，树木死亡，沉入煤炭层；最后，树汁不断硬化，形成昆虫琥珀石。

琥珀化石听上去没什么难度，但是“要是把树液换成石头，事情就复杂了”，伊恩·伦农（Ian Lennon）这样说道。伊恩·伦农从前是一名地质学家，之前帮助儿子布兰登（Brandon）搭建起了莱姆雷杰斯（Lyme Regis）的化石之旅。他说：“如果要形成木化石，首先木头得随水流入海，然后沉入海底。这一石化过程保存的木料格外完整，如果你切开这样一块化石，甚至可以看到木头本来的年轮。在这个过程中，木材的每一个原子都被成功复制替代。”

在地球上存在过的生物体通过多种方式，或多或少地留下了它们的痕迹。

化石形成的阶段详解

很多因素都会影响化石的形成，但是一般是从以下四个阶段开始的。

01. 恐龙死亡

在这一阶段，水至关重要。如果一头恐龙在海洋里死亡，它的尸体会沉到海底；而在陆地上死亡的动物，如果想要保存完好的遗体，最好也是被冲入这一水的坟墓。之后，身体的柔软部分会腐烂消失，只剩下光溜溜的一具骨骼。

02. 沉积作用

骨架被埋入由淤泥、灰尘、黏土和砂石等构成的沉积物中。随着时间的推移，沉积层会越来越厚，对底层的压力越来越大。沉积物的种类决定了化石的细节，比如说，纹理更精细的石灰岩就会保留更多的化石细节。偶尔的地表移动会加快沉积速度，而沉积速度恰恰是化石形成中防止腐坏的关键。

03. 完全矿化

骨骼渐渐被岩石包裹，其感受到的压力也越来越大。压力会帮助形成腔洞或天然模具，帮助保存骨骼的形态。富含矿物质的水慢慢渗入这一模具，填满其中的腔洞。从本质上来说，矿物质形成了模具的样子，印出了骨骼的形状，但是并不能体现出骨骼的内部特征。

04. 浮出地面

几百万年以后，地震或是其他的地质运动将包裹着骨骼的岩石送到地面。风雨的长期侵蚀剥落了骨骼表面的岩石，让化石得以重现人间，等待着人们去发现。

化石作用非常罕见。

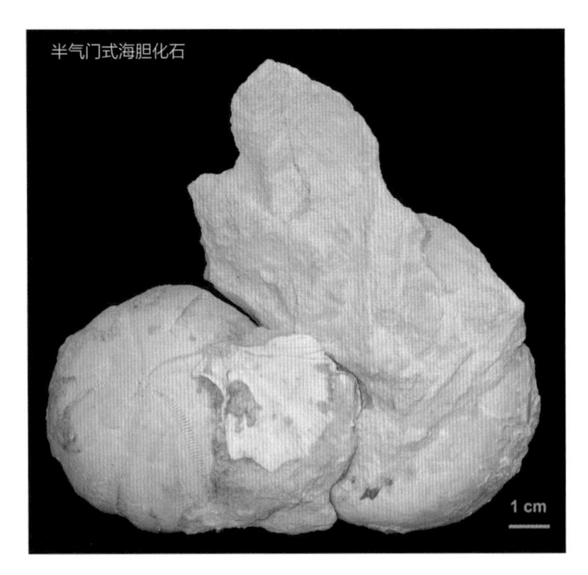

半气门式海胆化石

早期鸟类始祖鸟的化石

海百合是今天海洋里常见的一种海洋生物，不过古生代才是它们的鼎盛期

这种保存过程被称为“置换作用”。就如伦农所说的，死去的植物或动物的矿物质组成成分被水和岩石中的矿物质一一置换。这个让人叹为观止的过程，人们至今也没有完全弄明白。在英国查茅斯发现的鱼龙化石，上面保有完美的洞孔，那是之前血管所在的地方。这是因为硫酸锶和黄铁矿分别渗入了骨骼，但那之后的过程就变得扑朔迷离了。

伦农说：“不同的化学成分会进入骨骼的不同部分，因而生物的结构被完美地保存下来，但究竟是怎么一种力量促成了这一分配，没人知道。就拿查茅斯的鹦鹉螺化石来说，它们原本的外壳被黄铁矿置换了，但是壳内的成分全都是方解石。”

留下印记

在燧石中也发现了许多化石，但是这里的化石并非通过置换作用产生的，而更像是死去的生物在岩石里浇铸了一个模型。我们可以拿海胆化石举例说明。海胆是一种小巧的海洋生物，它最早生活在 4.4 亿年至 4.7 亿年前的奥陶纪（Ordovician period）。海胆死亡后，沉入蕴含丰富胶体二氧化硅凝胶（colloidal silica gel）的海床（二氧化硅是燧石的主要构成成分之一）。这种物质会将海胆包裹在其中，然后慢慢浸入海胆内部，我们就得到了一个夹在两层燧石之间的海胆化石。在漫长的岁月中，海胆的壳溶解为酸性水，于是凝固的燧石之间只留下了微小的缝隙，宣告着海胆曾经存在的痕迹。

“在莱姆雷杰斯，四处可见大块的燧石，随意敲开一块就能找到成形完好的海胆化石。它们不是海胆自身形成的化石，而是一个完美的模型，就像是熟石膏做出的铸件。”伦农这样说。

除了我们已经了解的琥珀、置换保存和铸件模型之类的化石形成过程外，动植物还可以通过不蚀变保存、再结晶、碳化作用等方式变成化石。这些方式的保存能力都受到相同因素的影响。一是有机体生活（和死亡）的沉积环境的成分构成，颗粒粗糙的石块需要更细致的工作才可以拼凑出该生物的过往；不过若是石块的颗粒细腻，那么化石就几乎能把生物的每一个细节都保留下来，比如说始祖鸟（Archaeopteryx）的化石。始祖鸟是一种早期鸟类，19 世纪 70 年代，农夫雅各布·尼迈耶（Jakob Niemeyer）在德国艾希施泰特（Eichstatt）发现了著名的柏林标本。在这块化石标本上，这只侏罗纪时代的鸟类连羽毛都清晰可见。

伦农解释道：“细节的留存主要依赖于一种颗粒极其细腻的石灰岩。这种石灰岩曾经被称作石印灰岩，因为它曾经被用于早期的印刷。石印灰岩印刷出的字体流畅美观，没有肉眼可见的瑕疵。”

化学成分

岩石的结构不是唯一影响保存的因素，有机体的构成也非常重要。海洋里有一种生物叫作海百合（Crinoid），虽然今天仅有 600 种海百合存活了下来，但是在很久以前，特别是在 5.4 亿年前到 2.52 亿年前的古生代（Paleozoic era），海百合的种类异常丰富，那时候的石灰岩床里藏着的全是海百合的碎片。这是因为海百合的骨骼主要是由碳酸钙组成的。石灰岩是一种沉积岩，主要成分是矿物质方解石（calcite）和霰石（aragonite），它们都是碳酸钙的晶体形式；所以当死亡的海百合沉入石灰岩海底时，就像是回归到母亲的怀抱。如果死去的生物与岩石化学结构类似的话，形成的化石能够保留更多的细节。

通常情况下，生物身上比较坚硬的部分，像骨骼和牙齿会在化石上体现出更多的细节；但是因为分解和净化作用，皮肤、组织和器官之类的部分则很难保存下来。不过，软组织的化石也并非完全不可能形成，而这类化石的主人主要是那些本来就生活在沉积物里的物种。海洋的运动让死去的生物很快被掩埋起来，慢慢被微生物分解，这是正常情况。2003 年发现的有关雷克斯暴龙和其软组织的化石却与这种常识背道而驰。

2005 年，北卡罗莱纳大学（North Carolina University）的分子古生物学家玛丽·施韦策（Mary Schweitzer）带领的研究小组有一个惊人的发现——他们在一头壮年雷克斯暴龙的腿骨化石内部发现了胶原。这种蛋白是生命的基础构件，科学家认为它本应该在这漫长的几百万年中消失殆尽。施韦策等人的发现引起了更多的疑问。

经过了 8 年漫长艰辛的研究，科学家终于确定这是铁在起作用。人体内蕴含丰富的铁离子，尤其是在血液中，因为铁离子可以帮助输送氧气。有机体死亡后，铁离子被分解成更加细小的纳米铁离子和自由基。2013 年，施韦策给出了这样的解释：“自由基将蛋白质和细胞膜结合在一起，就像是甲醛一样。”

那我们有没有可能找到一具雷克斯暴龙的“木乃伊”呢？当然不行。不过这一发现证明了化石形成的复杂和神秘。古生物学家需要花费几千个小时来寻找细枝末节的证据，想要因此还原几百万年前生命的真相。化石不仅是包裹于层层沉积物之下的一具骨骼，它比我们想象的要复杂得多，而正是这种复杂让化石更加迷人。只要你多些好奇与耐心，你就可以走进一个全新的世界。

詹姆斯·威茨

世界上最昂贵的恐龙化石当属雷克斯暴龙的骨骼化石。这头恐龙被命名为“苏”（Sue），它在1997年以830万美元的天价被拍卖。

十大颠覆性化石

从被时间封存的一场恐龙战斗的化石到一位面上长有许多尖角的恐龙化石……让我们走近十大最著名的恐龙化石。

至少有108种恐龙在英国被发现。
曾在英国土地上耀武扬威的恐龙包括禽龙（Iguanodon）和斑龙（Megalosaurus）。

10 被时间遗忘的椎骨

这块恐龙化石被遗忘在收藏室的角落长达一个世纪。

迈克·泰勒正在展示发现的异波塞东龙的椎骨

这一块积满历史灰尘的脊椎骨居然来自一种从未被发现过的恐龙。

我们对异波塞东龙（Xenoposeidon）的了解是基于一块仅存的骨头，它是一个多世纪前被发现的，之后被编辑入册，存放在伦敦自然历史博物馆的收藏室里。不管是它的最初发现者菲利普·詹姆斯·拉福德（Philip James Rufford），还是登记者理查德·莱德克（Richard Lydekker），都没有发现这块骨头来自一种还未被发现的恐龙；甚至，这种恐龙很可能属于一个完全未知的蜥脚类恐龙分支。

直到21世纪的开端，蜥脚类椎骨专家迈克·泰勒（Mike Taylor）才意识到这块骨头的特别。这块骨头的神经弓是向前倾斜的，这一发现让泰勒和同行的达伦·奈什（Darren Naish）惊喜不已——他们找到了一种全新的恐龙！不过“全新”是对我们而言的，这种恐龙在1.4亿年前的白垩纪初期就已经在英格兰的土地上漫步了。有人称异波塞东龙的奇特骨骼有可能是由遗传性疾病引起的，我们没法找到这个问题的确切答案，因为我们有的全部证据也只是这块骨头本身而已。

泰勒现在与奈什一起维护着一个叫“每周带你看一块蜥脚类恐龙椎骨”（Sauropod Vertebra Picture of the Week）的博客。关于这块骨头，泰勒解释道：“尽管这块椎骨还不完整，但已经能够明显地看出它来自于一种从来没被发现过的新恐龙。它与其他已经发现的蜥脚类恐龙的椎骨完全不同，这说明它的主人不属于任何已知的蜥脚类恐龙属类。这块独特的骨骼被冷落在角落长达113年，这告诉我们在博物馆的收藏室该有多少宝物等着我们去发掘啊！”

09 雄性荷尔蒙爆棚的斑龙

这块骨骼化石属于一只雄性斑龙（Megalosaurus）——这才是真男人啊！

科学家理查德·布鲁克斯（Richard Brooks）将这种恐龙命名为阴囊龙，因为这块骨骼化石长得很像人类男性的生殖器。

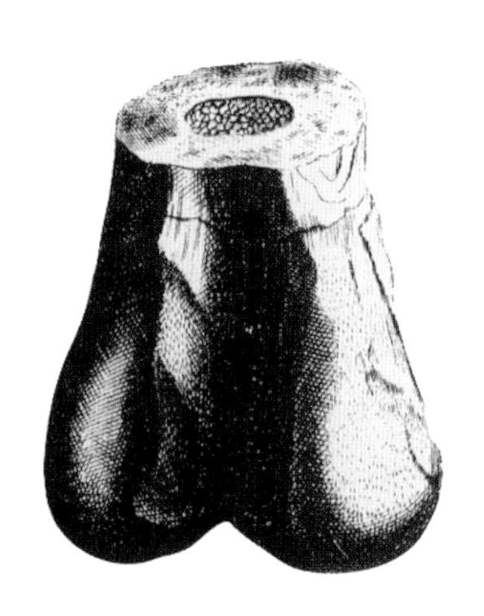

尽管一开始斑龙就被叫作阴囊龙，但是谁也没想到被发现的第一块骨头真的来自斑龙的阴囊，这块骨头看起来像……好吧，还是看图吧

斑龙的身长在6至9米之间，是肉食性恐龙，它在英格兰被发现，生活在1.66亿年前的侏罗纪时期

斑龙是第一种被科学记录在册的恐龙吗？尽管左边这幅图里的骨骼化石早已遗失，但早期的文字描述和图解说明证明斑龙化石的确是被记载的第一块恐龙化石。那是在1676年，牛津大学（University of Oxford）的化学教授罗伯特·普洛特（Robert Plot）第一次描述了这块骨骼，当时他认为这是一块大腿骨（femur），可能来自于一个巨人或者是一头战象。我们现在知道这是一块斑龙的骨骼，不过我们不应该嘲笑前人浅薄的见识，因为在那个时候大家还没发现在上亿年前，有这样一种巨型生物曾在地球上生活过。

在18世纪60年代，因为这块骨头长得很像男性生殖器，科学家理查德·布鲁克斯将这种恐龙命名为阴囊龙（Scrotum humanum），所幸这一名字没有流行起来。在19世纪50年代，水晶宫的恐龙展览上展出了斑龙的模型，在那之后斑龙也就受到了越来越多的关注。

08 匪夷所思的大块头

不管在哪儿，梁龙总是可以被人们一眼认出——它可是恐龙中的大明星。

梁龙的脖子究竟是高抬在空中、平举在前方还是低垂在地上，还没有定论

成年梁龙有 26 米长，身高几乎相当于三辆双层巴士的高度。

梁龙是 1877 年被发现的，但是直到今天，梁龙仍然可以激起人们无限的想象，这是任何其他的恐龙都做不到的。梁龙是世界上最长的恐龙之一，不过它能家喻户晓应该要算是著名的实业家安德鲁·卡内基（Andrew Carnegie）的功劳。在 1905 年，卡内基赠送给伦敦自然历史博物馆一具完整的梁龙骨架复制品，在当时引起了轰动，很多国家元首都想拥有这样一架巨兽的模型。

从那以后，这一草食性恐龙的长脖子形象就天下闻名了。卡内基送出的那座骨架现在被收藏在位于宾夕法尼亚州匹兹堡（Pittsburgh）的卡内基自然历史博物馆（Carnegie Museum Of Natural History）。

梁龙的名字“Diplodocus”意为“双梁”，因为当时科学家关注的重点在于梁龙尾下骨骼的奇特造型，在取名上并没有过多地考虑它庞大的体型。成年梁龙可以长至 26 米，大约相当于三辆双层巴士的高度。另一种名叫双腔龙的蜥脚类恐龙也许比梁龙还要长，但是双腔龙的体长数据只是基于一块遗失已久的化石，所以根据全骨架测量，梁龙目前仍然是世界上最长的恐龙。

07 最完整的骨架

鸭嘴龙是北美洲出土的第一具完整的恐龙骨架，而不仅像之前很多时候一样，仅有一堆牙齿化石而已。

鸭嘴龙的骨架标本是第一具被直立放置的恐龙骨架标本。

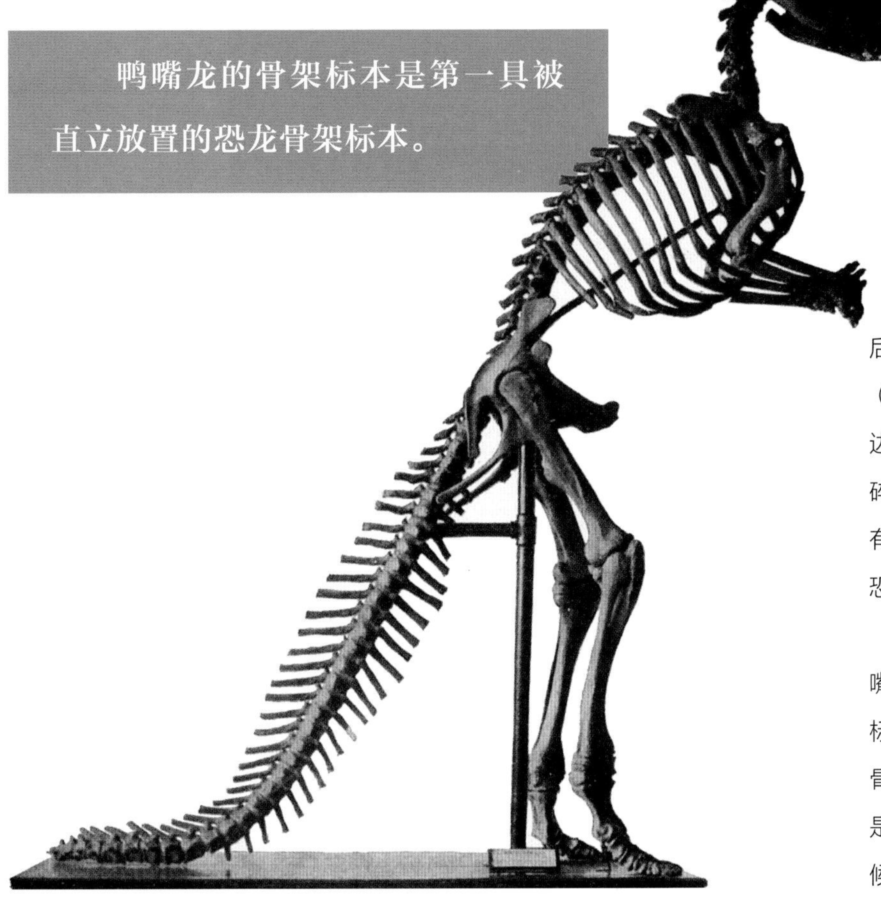

1868 年本杰明 · 沃特豪斯 · 霍金斯制作的鸭嘴龙骨架标本是第一具直立放置的恐龙标本

在 1858 年，化石爱好者威廉 · 帕克 · 佛克（William Parker Foulke）在新泽西州的哈登菲尔德（Haddonfield）发现了一种奇特生物的骨骼化石，他感到惊奇万分。大约在那之前的 20 年，当地的工人就在库珀河（Cooper River）的支流上发现过类似的骨骼化石，因为其造型奇特，有个工人还放了一些化石在家里用作展览。听说了这些遗骨的故事后，佛克与古生物学家约瑟夫 · 莱迪（Joseph Leidy）一同来到了库珀河边，他们找到了 8 颗牙齿，一些下颌碎片，几乎完好的四肢，28 块椎骨还有大部分的脚骨，他们把发现的这种恐龙命名为鸭嘴龙。

1868 年，莱迪和佛克发现的鸭嘴龙骨骼化石被制作成了完整的骨架标本，也是第一具被直立放置的恐龙骨架标本；而当时人们通常认为恐龙是用四肢行走的。在制作标本的时候，因为收集到的头骨是不完整的，当时受命制作标本的本杰明 · 沃特豪斯 · 霍金斯（Benjamin Waterhouse Hawkins）制作了一个头骨的石膏模型装了上去。那之后，鸭嘴龙的头骨还被按照格里芬龙（Gryposaurus）和短冠龙（Brachylophosaurus）之类的其他恐龙头骨重新制作过。直到今天，库珀河边的那具化石仍然是世界上唯一一具已经发现的鸭嘴龙骨骼化石。1991 年，鸭嘴龙被命名为新泽西州的“州龙”。

06 群居的腔骨龙

在新墨西哥州（New Mexico）的发现让我们得以了解腔骨龙（Coelophysis）的家庭观念。

1947 年，在新墨西哥州的幽灵牧场，发掘出了几千块骨骼化石。

随着被发现的腔骨龙数量的增多，古生物学家现在已经可以根据骨架来分辨不同性别的腔骨龙了

恐龙真的会成群活动吗？腔骨龙的发现给了这个问题一个肯定的答案。1947 年，著名的古生物学家埃德温·H. 科尔伯特（Edwin H Colbert）在新墨西哥州的幽灵牧场（Ghost Ranch）发掘出了几千块腔骨龙的骨骼化石，这些化石全都堆积在一处。

这样的发现让科学家不禁猜想腔骨龙是群居动物；它们也许是死于一次洪水，因此尸骨才被水流聚集到了一处。腔骨龙的名字“Coelophysis”意思是“中空结构”，因为这种恐龙的骨头重量很轻，内有空隙。腔骨龙大概有 3 米长，2 米高，但是体重却仅有 26 千克。它们生活在 2.25 亿年至 2.5 亿年前，是被发现拥有叉骨（wishbone）的最古老的恐龙之一；但直至几百万年以后，这种恐龙才开始真正向鸟类进化。不过，还有很多恐龙的秘密等待着我们去发掘，谁知道下一只被发现的恐龙又会带给我们什么惊喜呢？

是否有些种类的恐龙会成群结队地行动呢？

05 真实存在的三角龙

科学家发现，三角龙也许从来都不存在！好吧，这么说可能夸张了一些。

可得好好听听这个故事，因为科学家推测可能根本就不存在三角龙这种恐龙。这么说确实是夸张了些，让我们来看看这究竟是怎么回事。角龙科（Ceratopsid）的重量级成员牛角龙（Torosaurus）的发现让科学家心中有了些疑问：这究竟是一种全新的恐龙，还是三角龙（Triceratops）的成年体？2010 年，通过对比这两种恐龙的头颅骨孔洞，科学家认为牛角龙的确是三角龙的成年状态；不过新近的一些研究又推翻了这一看法。实际上，因为没有足够的证据，我们无法得到一个准确的答案。

不过我们的确知道牛角龙威风凛凛。牛角龙的头骨有 3 米长，是目前发现的有史以来最大的陆地生物的头骨；不过它头颅后半部分的伞状褶皱骨究竟有什么功能，还有待我们探索。最近的看法是，这也许是为了求偶和与其他的牛角龙进行交流。巨大的头颅之下是牛角龙庞大的身躯，它的体重可达6吨。1888年，三角龙被发现，而两年之后，就在美国怀俄明州发现了 21 块牛角龙的骨骼化石碎片。

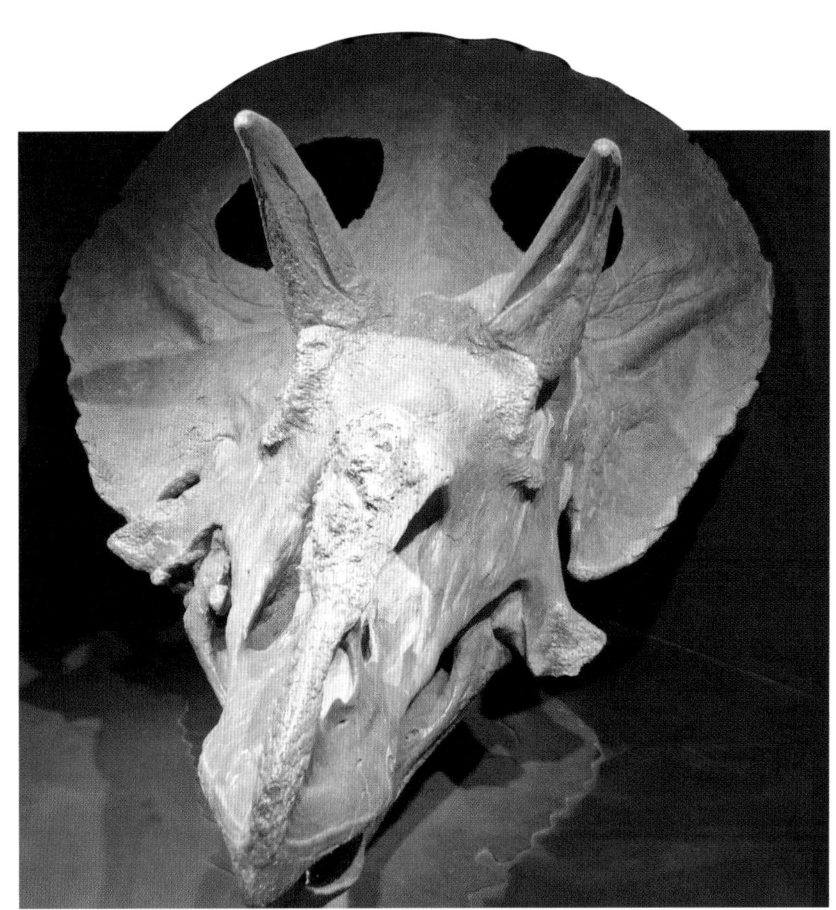

牛角龙和三角龙都生活在大约 6600 万年前的白垩纪末期

科学家认为牛角龙的确是三角龙的成年状态；不过新近的一些研究又推翻了这一看法。

04 多角的华丽角龙

有些人把华丽角龙（Kosmoceratops）叫作“外星人”，因为这种奇特的草食性恐龙长有 15 个角。

华丽角龙的角很有可能和孔雀的彩屏一样，是用来求偶的。

华丽角龙这一浮夸的恐龙直至 2006 年才被科学家发现，可以想象还有多少神奇的恐龙等待着我们去发掘啊

在 2006 年的夏天，美国犹他州自然历史博物馆收入了一只“史上最多角的恐龙”。华丽角龙的脸上长有 15 只尖角，因而当之无愧地成为了最华丽的远古猛兽之一。10 只向下弯曲的角从它的头盾边缘长出来，2 只长在脸颊，2 只在眼睛上方，还有 1 只在鼻子上方。从头到尾，华丽角龙的长度是 4.5 米。

科学家认为这些角是用来吸引异性交配的，就像孔雀用开屏来求偶。第一块华丽角龙的化石是一名叫作斯科特 · 理查森（Scott Richardson）的博物馆志愿者在犹他州南部的大升梯国家纪念区（Grand Staircase Escalante National Monument）发现的。在这一片纪念区里发现了很多不同种类的恐龙标本，包括格里芬龙和血王龙（Lythronax）。

华丽角龙与在加拿大发现的迷乱角龙是近亲，这对进一步的恐龙研究来说具有重要意义。科学家认为这些生物曾经踏遍了北美洲的西部；也有一种假说，它们隔绝于世生活了一段时间，因为很有可能当时北美洲大陆的南部和北部是被分隔开的。

03 被冤枉的偷蛋龙

这种长得很像鸟类的恐龙从被发现的第一天开始就背上了负面名声，不过后来的研究表明这所有的一切不过是场误会。

也许偷蛋龙并不是贼，它只是在呵护自己未出生的孩子。

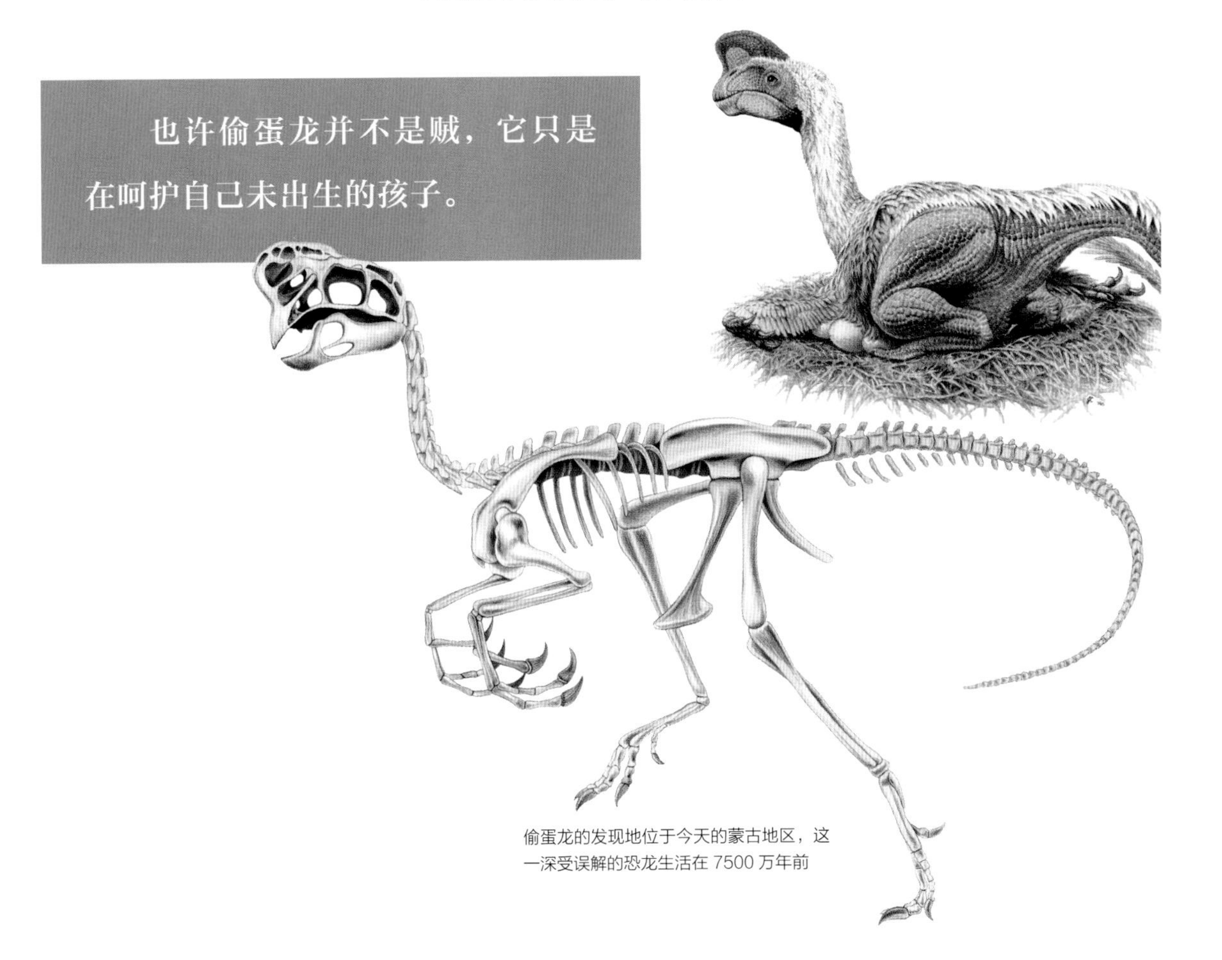

偷蛋龙的发现地位于今天的蒙古地区，这一深受误解的恐龙生活在 7500 万年前

可怜的偷蛋龙，居然有这么一个名字。1924 年，在偷蛋龙第一次被发现的时候，它就在被认为是原角龙（Protoceratops）的蛋附近，而它的头骨距离下蛋的巢穴仅有 10 厘米——这简直是被抓了个现行；不过，事实究竟是怎样的呢？

之后，科学家发现几种长有羽毛的兽脚亚目恐龙实际上会自己孵蛋，所以偷蛋龙也许并不是偷蛋贼，它只是在尽心呵护自己还未出生的孩子罢了。

偷蛋龙体型很小，身高只及成年人的腰部。除了会孵蛋，它还有很多与鸟类相似之处，如它长有尖喙却没有牙齿，可能还长有鸡一样的顶冠。画像上偷蛋龙总是身披彩色的羽毛，事实上也可能如此；不过还未发现过残留有羽毛的偷蛋龙化石。

除了鸟类近亲以外，我们发现的第一头羽毛完好无损的恐龙是中华龙鸟（Sinosauropteryx），这种恐龙第一次被记载是在 1996 年。在出土的时候，它身上不仅留有羽毛，羽毛的颜色还都依稀可见。通过结构研究，科学家确认中华龙鸟在活着的时候羽毛是红褐色的，而且它的羽毛应该是用于保暖而不是用来飞翔的。“名人”是非多，像很多著名的恐龙一样，偷蛋龙拥有羽毛这一结论也引起了很多的争议。它真的有羽毛吗？或者那些被认为是羽毛的物质其实只是胶原蛋白纤维残留？

重爪龙的抓鱼技巧和灰熊类似——用它们的雷霆巨掌猛击水面

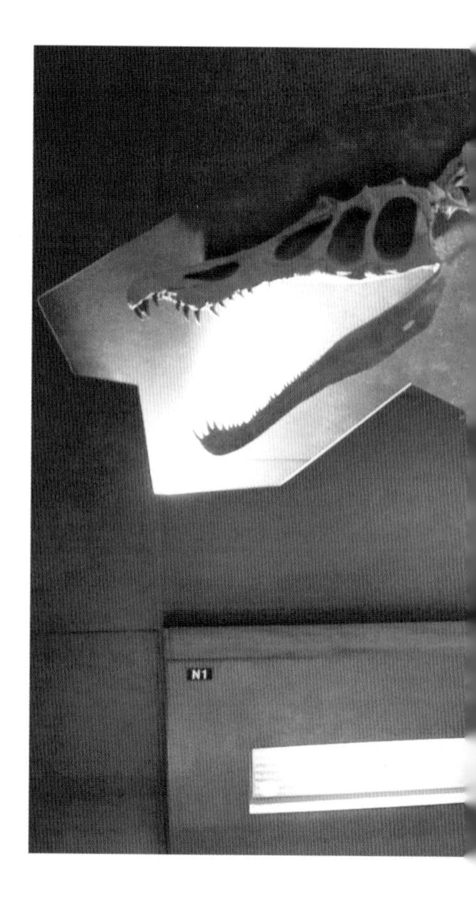

02 老恐龙与海

在萨里郡（Surrey）的大发现揭开了全球以鱼为生的恐龙的秘密。

发现的第一块重爪龙骨骼化石——巨大而充满力量的爪子，它的名字也是来源于此

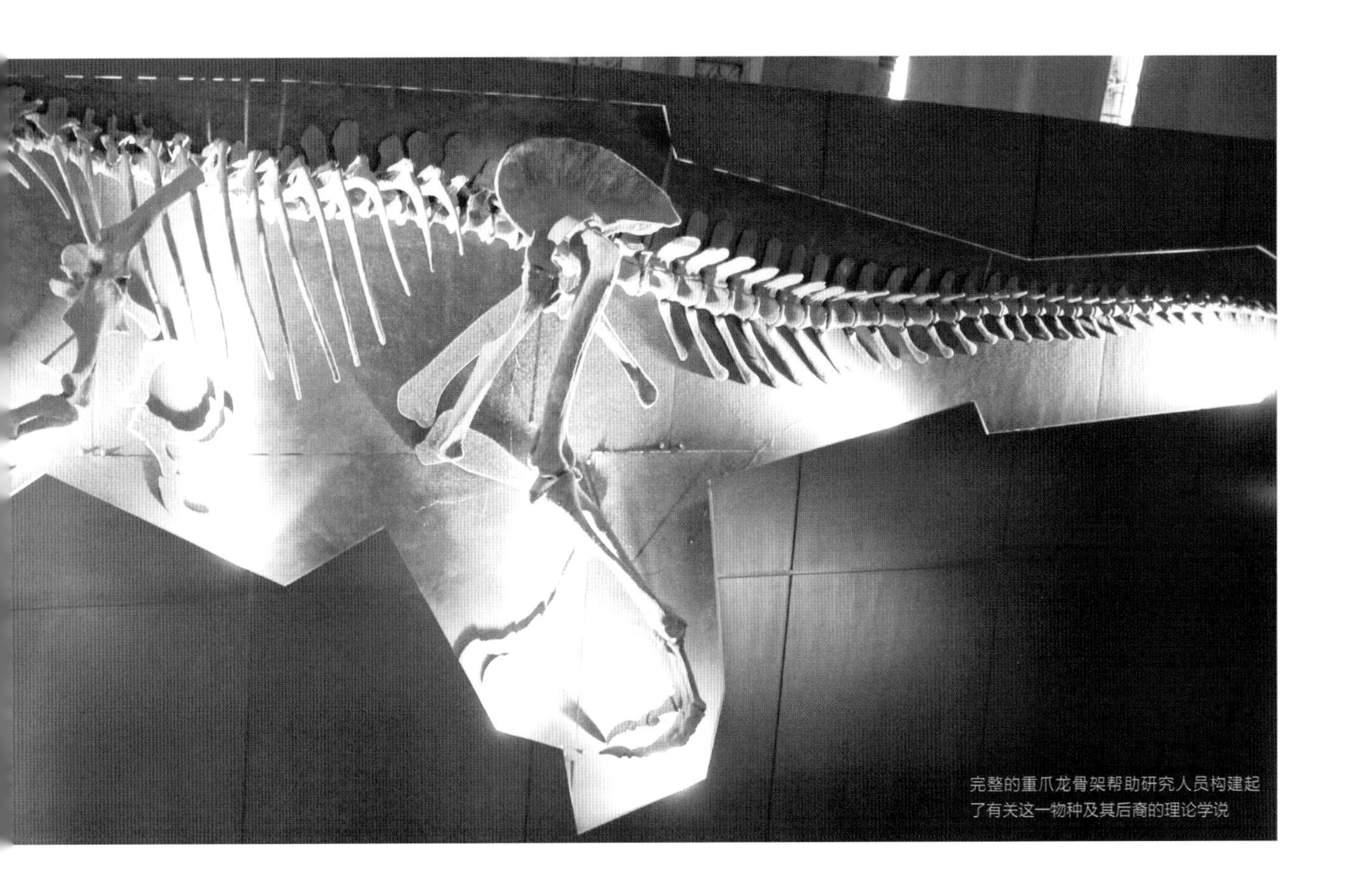
完整的重爪龙骨架帮助研究人员构建起了有关这一物种及其后裔的理论学说

重爪龙的牙齿又尖又长，一面有明显的沟槽，很适合咬住滑溜溜的猎物。

1983年，业余化石猎人威廉·沃克（William Walker）正在英格兰的萨里郡碰运气，想要发现些恐龙的化石。不过这天他找到的东西真是完全出人意料：在敲开一块形状奇特的泥土块后，他拨出了一个巨大的爪子。沃克知道他发现了一种全新的恐龙——重爪龙，他马上联系了历史博物馆。

这一片的石头有两吨多重，博物馆团队花了三个星期的时间才把它们发掘整理完。最后，团队的成果颇丰，历史博物馆的化石专家安杰拉·米尔纳（Angela Milner）称这次发现了“英国历史上最完整的恐龙化石”。重爪龙当然是独一无二的，它的特征与之前发现过的肉食性恐龙完全不同。

大部分的肉食性恐龙都长有圆形的吻部，但重爪龙的吻部却是长而细的，与吃鱼的鳄鱼吻部更相似；它的牙齿又尖又长，一面有明显的沟槽，很适合咬住滑溜溜的猎物。这些证据都表明重爪龙的主要食物是鱼类。

为了寻找更多的证据，我们来看看重爪龙的胃里究竟有哪些食物。科学家在重爪龙的胃里发现了鱼类的残留物，如半消化的鱼鳞化石。想象一下，在1.25亿年前，重爪龙生活的地方是一片食物丰饶的平原，四处都是蜿蜒的河水和波光粼粼的湖面，这一切都显得非常自然。

01 一场永恒的战斗

一场生存的绝望战斗被永远地封存在了时间中。

这样激烈的战斗是爆米花电影必不可少的场景。

古生物学家在研究中发现迅猛龙可能长有羽毛

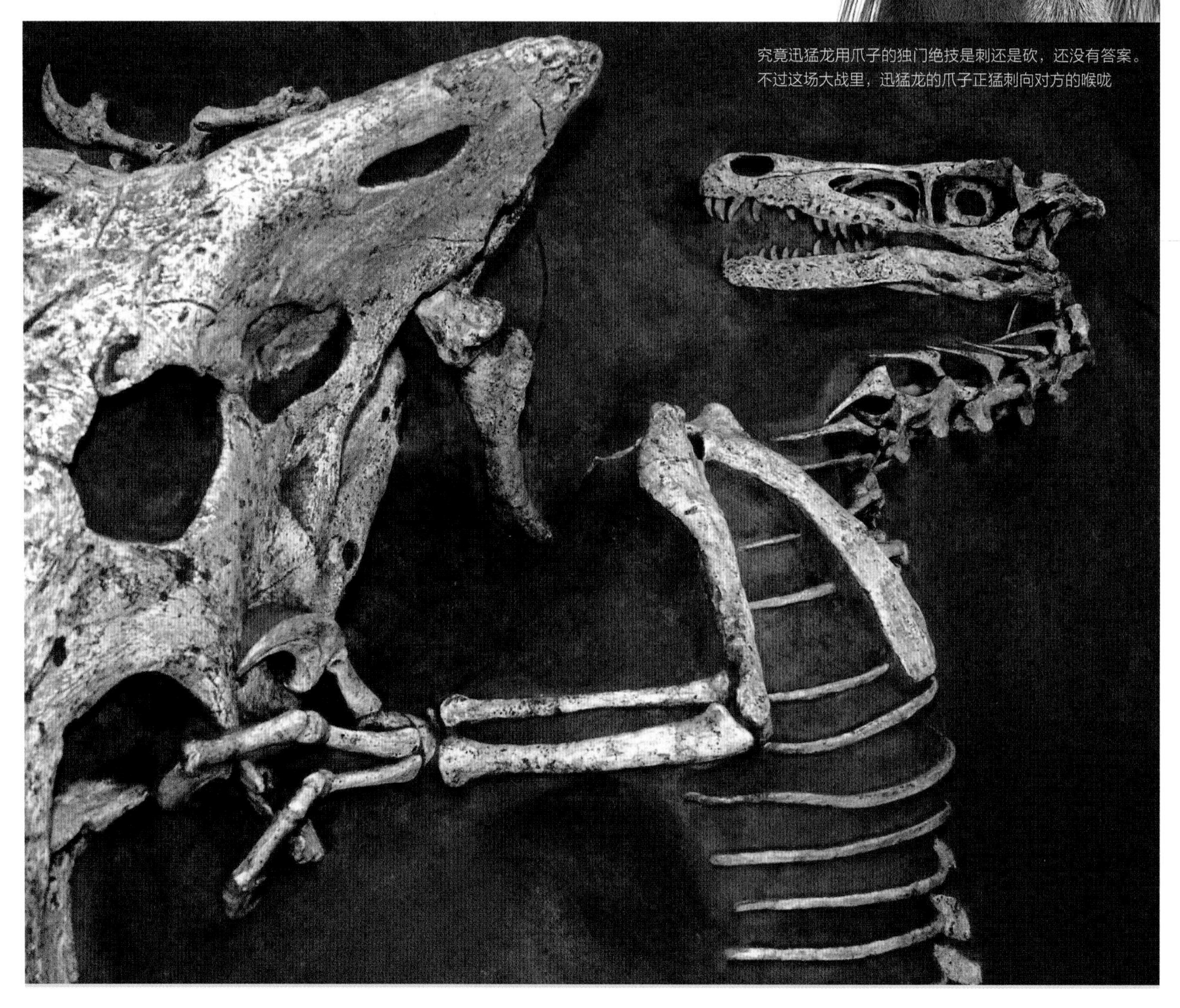

究竟迅猛龙用爪子的独门绝技是刺还是砍，还没有答案。不过这场大战里，迅猛龙的爪子正猛刺向对方的喉咙

目前已知的所有兽脚亚目伶盗龙都是在亚洲的德加多克塔地层（Djadochta Formation）发现的

有了电影特效和电脑动画，我们早就看惯了怪物巨兽，所以也就不难想象两只恐龙打架的样子。不过任何电影动画都复制不了历史上的真实场景，要想还原这一画面，1971年在戈壁沙漠（Gobi Desert）发现的战斗化石能给我们答案。没有人知道这具化石是怎么形成的，很有可能是在这两头恐龙战斗的时候，一场沙尘暴滚滚而来，又或是一个沙丘轰然倾倒。不管它们的死亡原因是怎样，这具化石本身就已经很奇特了——一只迅猛龙和一只原角龙互相厮咬着对方的头。本来这场战斗应该是迅猛龙杀死了原角龙，得以饱餐一顿，结果却是它们双双被定格在了历史中。

两只恐龙的激烈战斗绝对是爆米花电影的必备场景。迅猛龙扑向它的猎物，前爪恶狠狠地挥向原角龙的颈部和腹部；而这头草食性恐龙绝望地挣扎着，想要求得一线生机，它用坚硬无齿的喙紧紧咬住了捕食者的前肢。

这次的发现不仅是这场引人入胜的生死之战，也让古生物学家们找到了恐龙互相争斗的确凿证据。之前找到的关于战斗或是防守习性的信息都是侧面的，像一些齿印，死亡地点相近的两具恐龙化石，或是胃里和排泄物里的食物化石。

首先我们必须声明，迅猛龙可不是好莱坞电影里演的那样的。科学家已经发现了它们带有羽毛的祖先，所以在真实世界里，迅猛龙应该与一只大鸡差不多大，长得可能也差不多。因而，在这场与原角龙（大小相当于一只猪）的战斗里，谁胜谁负还真不一定。如果没有最后那场事故的话，迅猛龙也许会在原角龙身上撕开几个大口子，等原角龙流血致死之后再享用它的午餐。

这并不是第一场结成化石的战斗。2006年，矮暴龙（Nanotyrannus）和角龙（Chasmosaurine）的化石一起在美国蒙大拿州被发现。不过它们是因为两败俱伤而死，而不是因为冻结时间的一次自然事件。

马修·樱丘-吉尔曼
（Matthew Sakuraoka-Gilman）
自由撰稿人
在专注撰写视频游戏新闻之余，马修也对挖掘历史长河里不为人知的故事非常感兴趣。

5 被误解的五大化石

科学敢于认错：我们曾经完全误读了一些化石，而有些错误我们可能到现在还未弄明白。

01 禽龙

禽龙（Iguanodon）是世界上第二只被描绘的恐龙，我们在很多方面都误解了它。被描绘的第一只恐龙——斑龙，也有同样的遭遇。也就是说，自发现恐龙以来，我们就在认识方面发生了各种各样的错误。

因为能够研究的化石数量很少，吉迪恩·曼特尔（Gideon Mantel）在1825年重建的禽龙形象是一只蹲坐的四足恐龙[这部分因为禽龙的牙齿和现代鬣蜥蜴（Iguana）的牙齿很类似，所以曼特尔可能只是复原了一只鬣蜥蜴的形象]；这只四足恐龙的鼻子上还长了像独角兽一样的尖角——现在我们知道这一尖角是长在禽龙的拇指上的。

之后不久，对更加完整的禽龙骨骼的研究让人们有了更多的发现。这时候，他们才知道禽龙是可以用两足行走的，不过也有证据表明，当这种恐龙日益年老之后，它们会逐渐改用四肢行走。

禽龙可能是两足行走动物，这和过去的认识完全相反

02 剑龙

剑龙名字的意思就是“顶板蜥蜴”，意指它著名的骨板，原来科学家认为这些骨板是平铺在剑龙背部的，就像是盔甲一样。

我们现在还不确定这些骨板的具体用途，不过盔甲一说绝对是错误的。这些骨板非常脆弱，而且会时常更新，不适宜保护身体。它们并非是骨骼的一部分，而是附着在身体上的。在这些骨板中，也有很多血管，关于这一点我们可以有两种推论：一是当这些骨板充血的时候，剑龙就会“脸红”；二是随着气候变冷，这些巨大、充血的表面区域可以帮助冷血的剑龙吸收太阳的热量。当然，这两点推论不相悖。

剑龙可能没有图片上这样夸张的重甲

《侏罗纪公园》里这种可怕的爬行动物实际上长着羽毛

03 迅猛龙

由于迅猛龙在好莱坞大片《侏罗纪公园》中的精彩演出，它现在是最有名的恐龙之一；果不其然，这部电影里也有许多对迅猛龙的误解。电影里迅猛龙的体型和鼻孔的位置，都看上去更像是一只恐爪龙（Deinonychus）。

不过若是古生物学家要责备好莱坞连这点“常识”也没有，可能有点为难他们了。因为这些错误在第一部电影上映十年之后才得到纠正。

迅猛龙属于驰龙类（dromaeosaurids），它和驰龙家族更古老的成员一样，也是长着羽毛的。科学家在很早以前就曾经设想过这一点，因为和它血缘相近的恐龙身上就有羽毛；而且尽管迅猛龙不会飞，但一些现代鸟类丧失了飞翔能力也仍然保留了羽毛。2007年，在蒙古发现的迅猛龙的前肢化石上发现了羽根节，直至这时，这一设想才被证实。

这里我们必须向《侏罗纪公园》的制片人致敬，他们2001年推出这一系列第三部电影的时候，就在雄性迅猛龙的头上和脖子上加上了翎状羽毛。因为尽管这时距离证实迅猛龙有羽毛的事实还有六年时间，但是这期间所有的证据都已经阐明了这一构造。

04 薄片龙

对于一个科学家来说，最危险的事情就是带着结论做研究。薄片龙和它脖子的闹剧就是一个最好的例子。

薄片龙最早是由爱德华·德林克·科普（Edward Drinker Cope）描绘的。科普太熟悉蜥蜴了，以至于他在收到标本之后，把薄片龙的头安到尾巴上了——我们都知道蜥蜴的脖子很短，尾巴很长。哪怕是今天看来，薄片龙的脖子也长得有些荒唐，不过它的确有这么长。

有人认为，关于薄片龙化石的纠错是引起科普与他的死对头奥思尼尔·查尔斯·马什（Othniel Charles Marsh）之间矛盾的根源，19世纪晚期，就是这两人挑起了著名的“化石战争”。不过，实际上指出科普错误的人是约瑟夫·莱迪（Joseph Leidy），那是在1870年费城自然科学研究院的一次大会上。

早期的薄片龙模型把头安在尾巴上了

不存在的雷龙：这种年轻人最喜爱的恐龙实际只是迷惑龙的成年形态

05 雷龙

我们将要告诉你一个特别让人沮丧的消息——尤其是对那些刚过了30岁的人来说——雷龙（Brontosaurus）从未存在过。

1877年，顶尖的古生物学家奥思尼尔·查尔斯·马什发现了一种长脖子长尾巴的食叶恐龙，他将其取名为迷惑龙（Apatosaurus）。发现的这具化石没有头骨，马什并不在乎这一点小瑕疵——他把圆顶龙头骨装了上去。两年以后，马什的骨骼收集者们又给他送来了同一地区发现的另一具骨骼化石。尽管看上去与迷惑龙很相似，但是这具骨骼体型更大，椎骨也和迷惑龙不同。当时的马什急于打败他的劲敌爱德华·德林克·科普，他决定把这具化石定性为一种全新的恐龙，取名为雷龙。不过实际上，这只是迷惑龙成年体的标本。

因为这种恐龙最初被命名为迷惑龙，所以在20世纪70年代误解澄清之后，就延续了这一名字。这真不是个明智的决定，因为“雷霆蜥蜴”可比“迷惑蜥蜴”听起来酷多了。

克里斯托弗·菲恩
（Christopher Phin）
科技作家
克里斯是《科学揭秘》的姊妹杂志《英国苹果杂志》的科学编辑，已经在科技写作领域工作了十多年。

科学掠影

恐龙时代的精彩画面

冥河龙

冥河龙究竟是一个全新的种类，还是厚头龙的年轻版本？

冥河龙（Stygimoloch）的名字意为“来自地狱之河的恶魔”。冥河龙隶属厚头龙（Pachycephalosaurus）下目，生活在大约6600万年前的白垩纪末期。它与雷克斯暴龙生活在同一年代，头骨上长有独特的尖角。冥河龙是草食性恐龙，因而尖角应该是用于防御。它用后肢行走，在与捕食者战斗或是同类相争的时候，头部顶撞是它的制胜绝招。最近的研究发现，冥河龙有可能是厚头龙的青年形态，如果这是事实的话，那么这种恐龙的头骨形状很有可能会随着年龄增长而变化。

冥河龙的遗迹是在美国西部的地狱溪地层（Hell Creek）发现的，彼得·加尔东（Peter Galton）和汉斯·戴尔特·苏伊士（Hans-Dieter Sues）详细描述了这一发现。

5 五大伪造化石

化石伪造由来已久，假的化石包括早期的人类头骨和一些可疑的恐龙化石。在这里，我们来看看历史上最著名的五块假化石。

01 帕克西河足迹

在得克萨斯州帕克西河的石灰岩河床上发现了大量的恐龙脚印，包括一只兽脚亚目恐龙追踪一群蜥脚类恐龙而来的印记。当人们看到河床另一端人类的脚印时，认为这说明了恐龙和人类曾经共同生活过。关于这些人类脚印，科学家提出了很多假设，但是我们可以肯定的是，其中至少有一部分是当地人伪造的——他们在岩石上刻下了这些印记，好在大萧条时期卖点钱；其他的一些足迹与人类足迹根本就对不上，有的科学家认为这些也许是被误认的恐龙脚印。大部分伪造化石是通过检查“脚印”的横截面识别出来的。

帕克西河的遗迹里，有些恐龙的脚印是真实的，但人类的脚印是伪造的

02 卡拉维拉斯头骨

1866年，在加利福利亚的卡拉维拉斯郡的矿井深处发现了一枚人类头骨。头骨出土的砂砾层被埋藏在几百万年之前的岩浆之下，说明这是有史以来发现的最古老的人类头骨。哈佛的教授约西亚·惠特尼（Josiah Whitney）检查之后宣称，这一发现说明人类和乳齿象一样生活在上新世。

不过很可疑的是，这个古老的头骨长得异常像印第安人的头骨。科学家仔细检查了发现这一头骨的周遭环境和头骨本身，最后发现这原来是几个矿工的恶作剧，他们承认是从附近的墓地里找到了这一头骨，然后把它放进了矿井里。1992年，科学家对头骨进行了碳年代测定，发现它仅有1000年的历史。

皮尔丹人一案中有几个嫌疑人。
其中一位是亚瑟·柯南·道尔；查尔斯·道森和史密斯·伍德沃德也是头号嫌疑人。

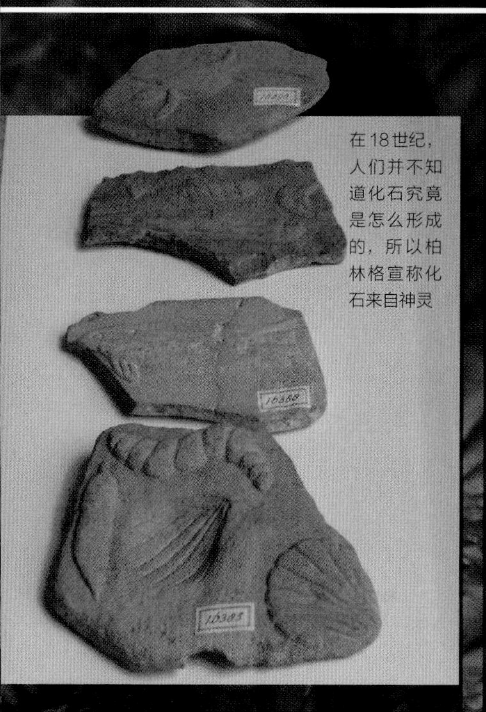

在18世纪，人们并不知道化石究竟是怎么形成的，所以柏林格宣称化石来自神灵

03 柏林格的骨头会说谎

约翰·柏林格（Johann Beringer）是当时一名研究化石的医生，在1725年的探寻中，他有了令人瞩目的发现。这一次发现包括昆虫、小鸟、爬行动物和两栖动物的化石，上面有希伯来语和巴比伦语的铭文。

当时人们对化石的了解甚少，而柏林格认为化石可能是神灵送来的。他写了一本书，打算将他的成果发表。但是在那时，两名同事突然站出来说这些发现是柏林格让他们伪造的，由于柏林格的傲慢与恶劣，他们不想继续隐瞒这个秘密了；柏林格则认为同事们只是忌妒他的发现，想要阻止书籍出版，夺走他即将要取得的成功罢了。

柏林格出书后，这个骗局最终还是被揭穿了。恼羞成怒的柏林格把两个同事告上了法庭，不过事情的最后，谁也没落到好处，这三个人的职业生涯都走到了尽头。

04 皮尔丹人

1912年，萨里砾石床里出土了皮尔丹人的头骨碎片。头骨的形状跟人类很像，在附近发现的动物和工具化石显示这可能是非常早期的人类。它的发现者——查尔斯·道森（Charles Dawson）和后来的自然历史博物馆地质学主管——史密斯·伍德沃德（Smith Woodward）宣称这枚头骨来自50万年前的人类祖先。

事实当然不是如此。这一头骨愚弄了世人40年，不过当我们找到了更多的早期人类化石之后，我们发现皮尔丹人和任何一种都没有相似之处——完全对不上早期人类该有的特征。新的氟测试显示，皮尔丹人的头骨是由人类和猿猴的头骨拼接而成的，历史不会超过5万年。这是一场策划精心、布置严密的骗局，我们到现在都不知道幕后操纵者是谁；100年已经过去了，这个问题可能永远也不会有答案。

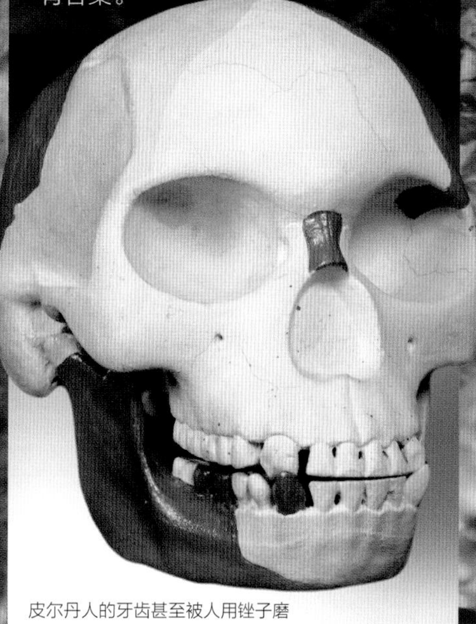

皮尔丹人的牙齿甚至被人用锉子磨短，从而让它看上去更像是人类

古盗龙的化石看上去好得让人难以置信……结果，这的确是个骗局

05 辽宁古盗龙

如同大部分的骗局一样，辽宁古盗龙（Archaeoraptor）的化石之所以让人信服，是因为看上去很符合情理，尽管最后发现，太完美的东西总不会是真的。据说这块化石是1997年在中国发现的，然后被非法走私到了美国。人们认为辽宁古盗龙是一种会飞的有羽恐龙，因而这块化石代表了恐龙和鸟类之间的联系。问题在于，这块化石是由一位中国农民拼接而成的（完整的化石可以卖出更高的价钱），他很有可能把不同种类的恐龙拼到了一起。

这块化石很快就被认定是由多种化石拼成的，不过《国家地理》杂志还是出版了相关长文；有关于这块化石的研究却没能出现在行业杂志上。尽管辽宁古盗龙的化石骗局可能只是个无心之举，也最终引发了一些尴尬情形。

马修·博尔顿

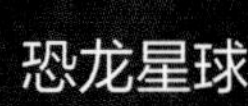

禄丰龙（Lufengosaurus）是一种原蜥脚下目恐龙。这就意味着禄丰龙是著名的蜥脚类恐龙梁龙和腕龙的前辈。

5 寻觅化石的五大好去处

拜访这些化石藏量丰富的地区，就像走过历史的长河。

英国

01 多塞特郡，莱姆雷杰斯

多塞特郡（Dorset）的莱姆雷杰斯坐落在全长155公里的侏罗纪海岸上。自从玛丽和约瑟夫·安宁在莱姆雷杰斯和查茅斯之间的海岸上找到了鱼龙的完整骨架化石后，世界各地的化石猎人都被吸引来到了这里。

悬崖清楚地划分出了史前的时间线：最底层来自侏罗纪初期（大约2亿年前），而顶层则来自白垩纪初期（大约1亿年前）。在这里，每天都能找到鹦鹉螺化石和箭石（belemnites）之类的古海洋生物化石；不过是更加宏伟的发现把世界上最伟大的古生物学家都吸引到了此处。在19世纪50年代，解剖学家理查德·欧文命名并描绘了最早的披甲恐龙——肢龙（Scelidosaurus），其化石就是在这里发现的。2000年和2005年在莱姆雷杰斯出土了更多肢龙的化石。

多塞特的侏罗纪海岸是夜歌世界遗产地，蕴藏着丰富的化石

中国

02 云南省，禄丰县

从1938年起，在中国这个小山村发现了超过100具完整的恐龙化石。禄丰县拥有多项有关于化石的世界纪录，这里是化石密度最高的地区，拥有最古老原始的脊椎动物化石。在这里，发现的恐龙的时间跨度也非常惊人，最早来自2.4亿年前，最年轻的恐龙化石则仅有6500万年历史，这个时间跨越了三叠纪、侏罗纪和白垩纪时期。

在禄丰县地区生活的恐龙是一种名叫禄丰龙（Lufengosaurus）的草食性恐龙。它生活在1.74亿年至2亿年前的侏罗纪初期，身长8米，体重20吨。禄丰龙的长脖子可以帮它们够到低矮的树枝；很多人推测它也可以靠强有力的后腿进行跳跃。

2013年4月，古生物学家在这里发现了最古老的恐龙胚胎化石，已经有1.9亿年的历史，来自于禄丰龙一属。科学家注意到这种恐龙的大腿骨生长很快，这就意味着它们的孵育期更短；此外科学家还在上面找到了胶原纤维[1]。

① 胶原纤维是骨头里的一种蛋白质。

美国

恶地国家公园（Badlands National Park）里有很多如城壁之类的绝妙地理构造

03 南达科塔，恶地

这片狂风呼啸的土地赋予了美国国家公园一个可怕的绰号——恶地国家公园，此地丰富的化石藏量吸引世界各地的化石猎人蜂拥而至。地下的石柱像是魔种一样升出地面，记录了从白垩纪（从1.45亿年前至6600万年前）到渐新世（Oligocene epoch，3400万年前至2300万年前）的地理和生物活动。

早期的印第安人把化石聚集在这里，有传说称拉科塔族（Lakota）会拿化石入药。不过第一个具有古生物学意义的重大发现是在1846年，海勒·普劳特（Hiriam Prout）博士在这里发现了泰坦兽（Titanothere）的下颌骨。这种动物看上去和犀牛很像，属于奇蹄目[1]（意为长有奇数脚趾的有蹄类动物）。

拿上一把凿子去往南达科塔（South Dakota），你可以找到已经变为化石的骆驼、中新马、类羚羊动物以及各种哺乳动物。这里也有一片来自白垩纪海洋的沉积区，可以从中找到鹦鹉螺目和菊石之类的海洋生物化石。

① 马也属于奇蹄目动物。

澳大利亚

04 昆士兰，里弗斯利

里弗斯利位于澳大利亚昆士兰的西北部地区，是一片炎热干燥的稀树大草原。这里蕴藏着世界上最丰富的渐新中新世（大约是在2500万年前至1400万年前）哺乳类动物的化石，填补了这一时期至上新世（Pliocene）与更新世（Pleistocne）之间的化石记录空白。

富含石灰的淡水池塘里沉积而成的石灰岩包裹着化石，让它们以原本的三维形态保存下来。里弗斯利地区的化石年代跨越了一个大约2000万年的进化周期，包含的种类异常丰富，包括食肉袋鼠、巨鳄、原始树袋熊和袋熊、巨大的不会飞的鸟以及40多种蝙蝠。

2013年，研究人员在这里发现了大鸭嘴兽（Obdurodon tharalkoo-schild）的化石，这是一种全新的大型鸭嘴兽，体长有一米，比今天的哺乳动物要大一倍。大鸭嘴兽的发现起源于一颗牙齿，这颗牙齿的磨损情况显示这种动物可能会捕食乌龟之类的硬壳动物。也可能永远不会有答案。

里弗斯利（Riversleigh）的哺乳动物化石被神奇地按原样保存了下来，没有被地层压扁

德国

德国的梅塞尔坑（Messel Pit）蕴藏了丰富的哺乳动物化石，大多来自5600万年前至3400万年前的始新世时期（Eocene Period）

05 梅塞尔市，梅塞尔坑

梅塞尔坑位于距离德国法兰克福35千米的梅塞尔市，是一座废弃的采石场。古生物学家们认为，要了解始新世地质时期（5600万年前至3400万年前）的生存环境，德国是最合适的地方。

梅塞尔坑长约1千米，宽700米，曾经是采集油页岩矿的地方。20世纪60年代，矿场关闭后，化石挖掘就开始了。自那之后的40年，这个深坑成为了地球上出土化石最为丰富的地点之一，在这里我们已经发现了30多种植物标本以及40多种哺乳类和鸟类标本。2009年，在这里发现的类狐猴（类猴）标本引发了媒体的疯狂报道，这种动物被命名为麦塞尔达尔文猴（Darwinius masillae）。

詹姆斯·威茨

你问我答

有些叠层石已经有35亿岁了，
这样漫长的历史让人叹为观止。

伊恩·伦农博士的问答时间

问：是什么吸引你开始研究化石的呢?

答：应该说是琳琅满目的化石种类，就比如说著名的板岩化石。板岩是一种变质页岩，时光的推移把页岩变质成板岩，同时也使得保存在页岩中的化石变形；所以我们经常可以发现形状优美、向一侧扭曲的化石。

问：目前发现的年代最久远的化石是什么?

答：有一些古老的叠层石已经有35亿年的历史了，这真是让人叹为观止。不过和恐龙化石不同，叠层岩并不是有机生命体的一部分，它们保存的是蓝藻细菌（Cyanobacteria）的形态，它们是高度变形的模铸化石。这种岩石在漫长的时间里经历过无数的变化，化石本来的结构已经难以辨别了。

问：化石库指的是埋藏大量完好化石的沉积层。您可以给我们举个例子说明一下吗?

答：莱尼燧石层（Rynie Chert）是目前最完美的化石库之一。它在苏格兰的阿伯丁郡（Aberdeenshire）被发现，延伸约80米。它就像一个大型溶解池，盛满了从火山里涌出的、蕴含丰富二氧化硅的泉水，它将从前生活在沼泽地区的植物以及细菌都变成了化石，每块石头里都藏着丰富的古生物信息，这里甚至还有落基山脉的波基斯页岩——古生物被保存得完好无缺，你可以在这里找到精美细致的三维立体化石。

伊恩·伦农（Ian Lennon）博士

伊恩·伦农从前是一名地质学家，现在他在莱姆雷吉斯和查茅斯带领人们进行化石之旅。

208

155

182

180

198

160

5 恐龙世界

宙（Eon）是最大的地质年代单位。
从古到今总共有四个宙：冥古宙（Hadean），太古宙（Archean），元古宙（Proterozoic）和显生宙（Phanerozoic），恐龙和我们一样都生活在显生宙。

恐龙出现以前

在恐龙繁衍生息之前，地球是一个瞬息万变的星球。从火山喷发的人间地狱，到郁郁葱葱的原始森林，再到物种丰富的宽广海洋，我们将带你踏上一场惊喜不断的史前之旅。

在恐龙称霸世界之前的宙（Eons），这个星球的历史充满了各种各样关于生命、死亡和变形的故事。一切起源于44.5亿年以前，那时候地球开始形成，我们称这段时间为冥古宙（Hadean），意为“冥界”[①]。就像它的名字所述的那样，冥古宙时期的地球也非常的暴躁——持续的火山喷发、部分融化的地球表面以及来自太阳系的其他星体的巨大影响。这个年代已经太久远了，那时，月亮刚刚开始形成，才开始围着地球转。

冥古宙时期的空气里二氧化碳、氢气和水蒸气的浓度都很高，有研究表明，当时的温度可能高达230摄氏度。这样恶劣的环境下，会有生命吗？我们与来自牛津大学地球科学部的马丁·布莱瑟（Martin Brasier）教授讨论了这一问题，教授认为当时存在生命，他说："这一点存在很大的争议，没有像化石之类的直接证据表明冥古宙存在生命；但是非常有可能存在细菌之类的微小生命。这些微生物可能不会释放氧气，而是可能利用阳光来产生硫化氢。当然产氧光合作用也可能存在，来自于一些生活在火山口附近、以沼气和二氧化碳为食的生命。"

随着地球进入太古宙[2]（Archean），动荡依然没有平静下来。尽管有些天文学研究称太古宙的太阳亮度仅有现在的70%至75%，当时的热流却是现在的三倍。大气中的二氧化碳含量仍然很高，仅有微量的自由氧。不过在这样的严酷环境下，已经发现有无核单细胞生物存在的证据，这种生物叫作原核生物（prokaryota）。有证据显示细菌门的蓝藻细菌在太古宙时期就会通过光合作用来释放氧气了。

前寒武纪之后

远古时期的地球仍处于它的萌生时期，因而地球表面仍然很不稳定。板块构造移动、大陆地幔挤压形成山脉，这一"造山运动"（orogeny）主要发生在地球的前两个宙；不过当海洋开始蔓延上升，这个过程就创造出了新大陆和下一个宙出现的超级大陆。25亿年前这一宙开始，冈瓦那大陆的形成影响深远。那时，造山运动最终形成了大洋洲和南极洲；几个单独的地缝组合形成了一整块大陆，南半球最广袤的冈瓦那大陆就这样从海

① 希腊神话里的地下世界，有着像地狱一样的环境。
② 地球上四个宙中的第二个。

古生代的五大生物

在古生代时期，地球上的生命有各种各样的形态，以下是五个例子——它们可比恐龙要年迈多了。

原蜻蜓目

原蜻蜓目（Meganisoptera）是一个已经灭绝了的大型昆虫属，是现代蜻蜓的远亲，最早出现在石炭纪（Carboniferous）和二叠纪。据推测，大部分的原蜻蜓都只比现代蜻蜓体型略大；不过其中的拟巨脉蜓翅展则可达到17厘米。

栅形迹

栅形迹（Climactichnites）是一块备受争议的化石，它来自5.1亿年前的古生代，是一种生活在沙地潮滩地区的、像鼻涕虫一样的生物。由于仅掌握了有关栅形迹的一些零散的信息，古生物学家们把它放入了遗迹属（ichnogenus），而非归为某一类物种。遗迹属下包含的都是一些仅有遗迹存留的生物。

林蜥属

林蜥属（Hylonomus）名字意思是“森林居民”，是生活在大约3.12亿年前石炭纪的一种爬行动物。这一属只包含了一个物种——林蜥（Hylonomus lyelli），这可能是地球历史上的第一种蜥蜴。据估计，这种蜥蜴从头到尾长20厘米。

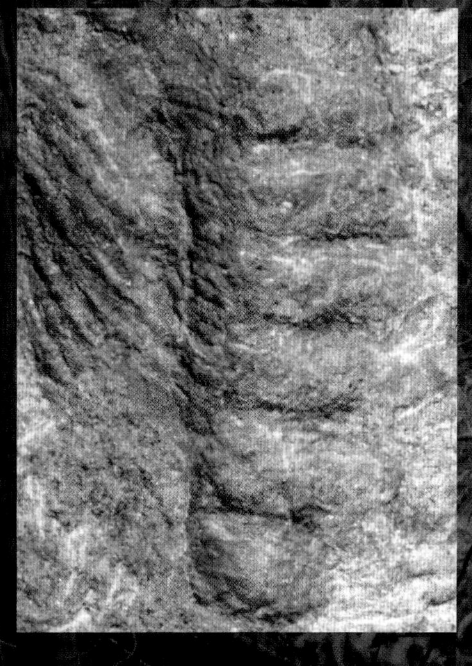

呼气虫

呼气虫（Pneumodesmus）是一种千足虫（millipede），最早在志留纪出现，这种生物的唯一一块化石是2014年在苏格兰的阿伯丁郡发现的。这一化石上面发现了气门[1]（spiracle）存在的痕迹，这让科学家激动不已。

① 气门是一个仅用于呼吸空气的换气系统。

异齿龙

异齿龙的名字意指“两种尺寸的牙齿”。它生活在2.95亿年前至2.72亿年前的二叠纪，是一种早期形态的哺乳动物（下孔类）。尽管异齿龙的化石看上去很像恐龙，但是它在恐龙出现之前的4亿年就已经灭绝了。

很多生物都在2.52亿年前的大灭绝中消失了，就如图中的三叶虫（trilobite）

遥远的25亿年前，化石记录也寥寥无几。

平面以下升了上来。

尽管这片超级大陆上的气候比较温和，但是古生代（Paleozoic）的整体大气环境仍然不适宜大部分的生物生存，那时候空气中的二氧化碳含量是今天的20倍至35倍。不过，在这一宙中，的确存在缓慢的氧气积累，这主要是由化学沉积引起的：像铁矿石和未氧化的硫之类的物质慢慢沉积变成了地壳，从而推动形成了一个叫作大氧化事件的缓慢过程。

空气中自由氧的含量越来越高，生命开始在新大陆上继续进化。原始的绿色植物和沿海真菌开始繁衍生息，不断地产生氧气；真核生物[1]（eukaryotes）之类的复杂单细胞生物开始出现。

空气中的新物质

大氧化事件（又称作“氧气灾难”）是一个持续了2亿年至3亿年的过程，是地球历史上影响最深远的事件之一。如果没有这一事件，陆地动物可能没有办法长到今天的体型，也没有办法进化出这么多的种类。

布莱瑟评价道：“大氧化事件有好处，也有坏处。首先，是它的结果——地球上的生命应该如何应对呢？不过我们也应该考虑到当时的生命是否也促成了这些变化的发生。这一事件发生在25亿年前至24亿年前，年代已经太久远了，那时候连化石记录也寥寥无几，不过看上去氧气的大爆发只是一个暂时的过程。我认为那时候的生命全是细菌，大概是由蓝藻细菌之类的有机体组成的。”

这样的大气变化一定急剧改变了地球的生物圈，让这个星球更适宜、

① 真核生物是有细胞核和细胞膜的生物。

从冰岛的大地上可以清楚地看到美洲和欧洲板块之间的断层

如图中所示的远古的蕨类是最早在陆地上生存的植物之一

更大、更复杂的形态生存。“这一结论是有依据的，因为任何比细菌更高级的生命都需要氧气才能存活，如果没有这一个阶段，高级生命不可能出现。”布莱瑟说。

大氧化事件持续的时间很长，不过仅在最后一个阶段，产生的氧气才超过了化学沉积和土壤能够吸收自由氧的极限。在这之后，生物多样性才在海洋之外出现，细菌和更高级形态（如植物、昆虫等）的多细胞生物才开始登上历史舞台。

生命充满无限可能

44.4 亿年前至 41.9 亿年前，当地球进入志留纪(Silurian period)时，大陆上的生命开始慢慢走向多样化。一开始的生命形态主要是苔藓和库克逊蕨属（cooksonia）之类的维管植物（vascular plants），库克逊蕨属的短根和木化组织让它们能够很好地利用水分和原始的光合作用来生存。多种动物群的生活地蔓延到远离河溪和海岸的地方，有些生物学家认为淡水是关键，也就是所谓的“原始汤”孕育出了多样的生命。这些处于内陆的水体是生命转向陆地生活的绝佳过渡地带。

“我们发现在一些古湖床里找到的化石质量非常好，”布莱瑟说，“我们找到了保存得非常完美的化石。在这些沉积物里发现的生物多样性和复杂性都让人震惊，其中包括本应生活在淡水里的一些藻类和各种各样的细菌，种类比同一时期的海洋沉积物都要丰富。”

淡水水体是进化的温床之一，这一理念非常吸引人，因为这样的水体中储存着比海水更多的氧气，也没有海水中那么多的盐分。“事实上，达尔文在 19 世纪 70 年代的一封信里就提到了这一点，他认为生命可能起源于一个温暖的池塘里，”布莱瑟评论道，“所以有一种理论跟随了达尔文

大灭绝事件可能是火山喷发或是小行星撞击地球造成的

大灭绝及其成因

二叠纪末的大灭绝是怎样开启恐龙时代的呢?

我们听到“灭绝”这个词和史前世界联系在一起的时候，总是想到白垩纪末期的大灭绝事件——6600万年前，这场也许是由小行星撞击地球的事故使得恐龙从这个星球上消失了。在这一场灭绝之前的另一场生物灾难则是二叠纪－三叠纪大灭绝事件。当时大气中的二氧化碳和沼气的含量急剧上升，对地质和生态环境产生了灾难性的影响，抹杀了70%的陆地生物。

那这场灾难是由什么引起的呢？有两个可能的理论，一是小行星撞击地球，二是火山喷发；不过最近的一项研究显示，一种新基因可以让产生沼气的微生物以二氧化碳为食；那时二氧化碳在海洋里的含量不断攀升，从而让这一生物的数量急剧增加。来自麻省理工大学的格雷格·富尔尼埃 (Greg Fournier) 博士说：“微生物数量的增长是推动碳生产几何增长的几个原因之一。”含量如此高的废气会让大气也变得有毒害，让微生物之外的所有形式的生命都因窒息而死。

的这一想法，认为生命起源于淡水的环境里；甚至有人认为淡水、温泉之类的温热环境为生命的起源提供了适宜的条件。”

真正的生物多样性

随着史前地球进入古生代的后期（泥盆纪、石炭纪和二叠纪），大陆开始缓慢地走向洲际相连的状态，各种气候、环境和生态系统的融合显示出生命的无限可能性。早期的维管植物从海岸线向内陆蔓延，生长在沼泽和相对干燥的土壤里。类似于仙人掌的有机体类，以及类似灌木丛的蕨类和马尾草（horsetails）森林开始在盘古大陆荒芜的内陆地区大片地生长。在泥盆纪初期，昆虫王国的成员们也变得更加多样化，并和早期的种子植物形成了共生关系，这就是植物多样性的“泥盆纪爆炸”。

除此之外，四足动物（tetrapods）开始出现并繁盛起来，这是很多陆地野兽的进化方向。真掌鳍鱼 (Eusthenopteron) 之类的总鳍鱼（lobe-finned fish）进化成早期形态的两栖动物，由于它们无法在离水体更远的地方生活，所以这一类的动物很多都灭绝了。

> **随着石炭纪和二叠纪拉开帷幕，越来越多的陆地生物在统一的盘古大陆上开始进化。**

随着石炭纪和二叠纪拉开帷幕，更多的陆地生物在统一的盘古大陆上开始进化（盘古大陆也是三叠纪最初形态的恐龙生活的家园）。由于大气中氧气充足，节肢动物[1]（anthropods）开始加速繁育；阔齿龙属[2]（diadectes）、盘龙目（pelycosaurs）以及如二齿兽下目（dicynodonts）和兽头亚目（therocephalia）之类的兽孔目（therapsids）动物的种群数量也不断增加。在古生代尾期的时候，早期形态的哺乳动物——下孔类也开始形成规模。初龙亚纲（爬行类、鸟类、恐龙和鳄目动物的祖先）也在这个时候出现，很好地适应了由于盘古大陆形成而产生的极度干燥的环境。

---

① 拥有外骨骼的无脊椎动物。
② 大型爬行动物。

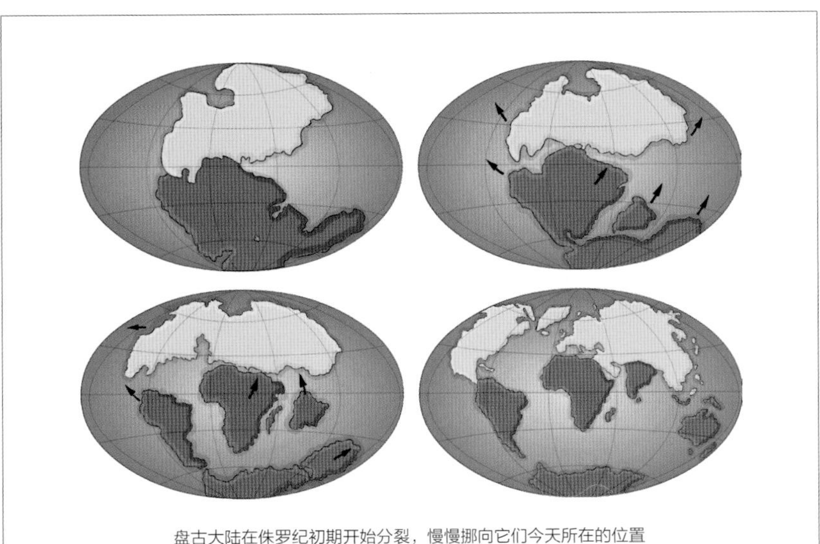
盘古大陆在侏罗纪初期开始分裂，慢慢挪向它们今天所在的位置

探秘盘古大陆

盘古大陆开始分裂以后，各个部分就开始缓慢地挪向它们今天所在的位置。

在古生代时期，各个大陆块组合形成了盘古大陆；之后一直到中生代，史前地球的板块都在不停地移动。盘古大陆是我们熟知的超级大陆，但实际上它只是曾经存在过的四块超级大陆之一，另外的分别为20亿年前至18亿年前形成的哥伦比亚大陆（Columbia/Nuna）、11亿年前至7.5亿万年前形成的罗迪尼亚超陆（Rodinia）和6亿年前形成的潘诺西亚大陆（Pannotia）。

盘古大陆是在3亿年前的二叠纪形成的，它包含了我们今天的南北美洲、非洲、欧洲、亚洲和澳大利亚。这一块超级大陆存在了1亿年的时间，之后在侏罗纪早期开始分裂。

随着盘古大陆的形成，内陆地区变得极其荒芜和干燥

也就是在那个时候，经过了几百万年的进化，地球表面又被清扫一空，为恐龙的出现腾出了位置。这场发生在2.5亿年前的大变故叫作二叠纪－三叠纪灭绝事件，也被称作“大灭绝”。“大灭绝”产生的原因我们并不完全了解，但它改变了地球的大气和温度，让生命永远地走上了另一条路。几百万年间，大约有90%至95%的物种从地球上消失了。幸存下来的生命进化成了恐龙，并为我们今天自然界的多样性提供了遗传基础。

恐龙出现之前，世界好像在做进化试验，只有最强大的物种才能在星球上最大的生态变故中存活下来，从而继承这个星球。

唐·雷赞－林肯

达尔文在19世纪70年代的一封信里提到，生命可能起源于一个温暖的池塘。

恐龙的一天比人类的要短。

恐龙时代，一天可能只有21至23个小时，因为当时地球旋转得更快；不过那之后，地球的自转速度就渐渐慢下来了。

恐龙星球

恐龙生活在一个持续变化的地球上，那时候的地球和现在的完全不同。

这一星球的变化是很缓慢的：气候模式几百年才有一个轮换，地壳构造板块一点点将大陆挪到新位置，海平面也是慢慢上升、慢慢下降。不过对于长期生活在地球上的生物来说，可能会遭遇气候、地理和其他方面的巨大的转变，而恐龙在地球上存活了 1.5 亿年。因而，恐龙的世界开始于 2.52 亿年前的中生代，经过漫长的时间后逐渐衰落，然后在 6600 万年前的大灭绝事件中落下帷幕。

实际上是之前的一场灭绝给了恐龙崛起的机遇。二叠纪－三叠纪灭绝事件中 70% 的陆地脊椎动物和 96% 的海洋生物都灭绝了——这就是恐龙一族兴起的时刻。伦敦自然历史博物馆脊椎动物和人类学部门的部长，保罗·巴雷特说："很多恐龙的竞争对手都在这场灭绝事件中消亡了，从而留给恐龙更多的生态空间来建立它们自己的行事方式。"

中生代被分为三个时期：三叠纪、侏罗纪和白垩纪。恐龙最早是从它的祖先主龙类进化而来，一开始数量很少；二叠纪末期大量生物灭绝之后，恐龙就开始迅速地扩张领地。那时候的地球和现在完全不同，尤其是从宇宙的视角来看。今天我们熟知的各块大陆在那个时候是一个整体，这一巨大的超级大陆被称为盘古大陆（Pangaea）。

大分裂

1.75 亿年前的侏罗纪中期开始，随着地壳构造板块的运动，盘古大陆开始分裂为两块相对较小的超级大陆，

恐龙灭亡的那一刻，中生代时期的辉煌似乎猛然消失不见了。

恐龙出现的早期，世界上的植被主要是蕨类、松柏植物和苏铁植物

分别叫作劳亚古大陆（Laurasia）和冈瓦那大陆（Gondwana）。

巴雷特说："这对恐龙的影响很大。一开始，这让不同的恐龙类群能够遍布世界的每个角落；但后来跨越区域变得越来越困难，因为不同的大陆之间形成了大海这一物理屏障，阻隔了不同地区恐龙的融合。"

大约在 1.84 亿年前的侏罗纪早期，劳亚古大陆也开始分裂，伴随产生的还有大量的深岩喷溢，造就了非洲、南美洲、南极洲、大洋洲和印度的雏形；这一时期，海平面也开始上升。巴雷特说："欧洲被分隔为一系列的小岛屿群岛，大部分都处于浅海之下，在今天欧洲大陆的区域散布着少数几个小岛和一些大岛。"

所有这些地理变化引起了风型和洋流的改变，对于气候产生了巨大的影响。巴雷特是这样解释的："当所有的大陆还是一个整体的时候，内陆地区由于远离海洋，没有充足的水汽，实际上是一片沙漠，不适宜居住，因而大部分的生命都生活在大陆的边缘地带。当恐龙最初出现时，这个世界是温暖而荒凉的，之后慢慢变得湿润了，但气候依然温暖；到了白垩纪时期，气温变得更高，空气也更湿润。"

恐龙刚出现的时候，这个世界还是温暖而荒凉的，之后就慢慢变得湿润了。

温暖的气候和扩大的热带雨林意味着在中生代时期，适宜恐龙居住的地方变大了——它们占领了这个迅速变化的世界，就连极限纬度里的漫长冬夜也都有恐龙踽踽独行的身影。巴雷特说："在非常接近极点的地方，也生活着种类丰富的恐龙。其中最著名的例子是那些在 1.2 亿年前生活在现今澳大利亚南部的恐龙，它们所在的纬度大概是南纬 80°，离极点非常近。那时候虽然极地没有永久冰层，但是冬天依然是寒冷漫长的黑夜。不论情况如何恶劣，它们似乎在那里生

为了适应季节变化，有些恐龙也许会通过迁徙来寻找食物

活得还不错。”

寻找线索

据巴雷特博士解释，了解恐龙生活的气候环境靠的是化石出土的岩层，“化石所在的岩石种类能够告诉我们很多关于当时环境的信息，比如说它是否曾经深埋湖底，是躺在河里还是在河流附近的沉积物里，它的湿度又是多少。有些恐龙化石是在石化的沙丘里找到的，这就说明这些恐龙生活在类似于沙漠的环境里面；另一些则是在颗粒粗糙的砂石沉积物里发现的，这就显示它们可能来自半干旱地区；还有一些与植物残留一起埋藏在泥沙沉淀物里的化石，则有可能表明恐龙生前生活在植物茂密的地区。”

另外需要我们去分析恐龙骨骼里找到的化学物质。通过不同的氧同位素的比例，科学家可以得知骨骼生长地区当时的气温状况。

在中生代时期，植被的分布和种类与气候条件一起变化着。不过通过研究今天不同种类植物的生存条件，科学家可以猜测出当时的恐龙在不同的气候条件下究竟吃些什么植物。

“我们知道特定的植物种类可以在炎热或是干燥的条件下存活，也有一些只生活在非常湿润的地区，”巴雷特说，“我们可以根据这一信息来审视植物化石，看看它们与现代的植物有什么共通之处，比如叶片的形状；然后就可以知道它们当时的生长环境究竟是怎样。”寒冷气候下的叶片边缘会变得锯齿化；而温暖地区叶片会更圆，边缘也会更光滑。

最初，恐龙世界里的植被总是东一块西一块的，主要的植物有蕨类、松柏类和苏铁类[1]。由于大陆的分裂，气候变得越来越湿润，树木开始生长，形成森林。在白垩纪时期，第一种开花植物开始出现，而落叶林也取代了针叶林。巴雷特说：“在恐龙时代，植物群一直在变化，有些变化和气候有关，不过其中的关系究竟如何，没有人可以确定。”

大气的变化可能也影响了植被的分布。通常认为中生代时期的二氧化碳水平比今天要高得多，随着大气中

① 苏铁类植物和今天的棕榈树长得差不多。

揭秘史前地球的气温状况

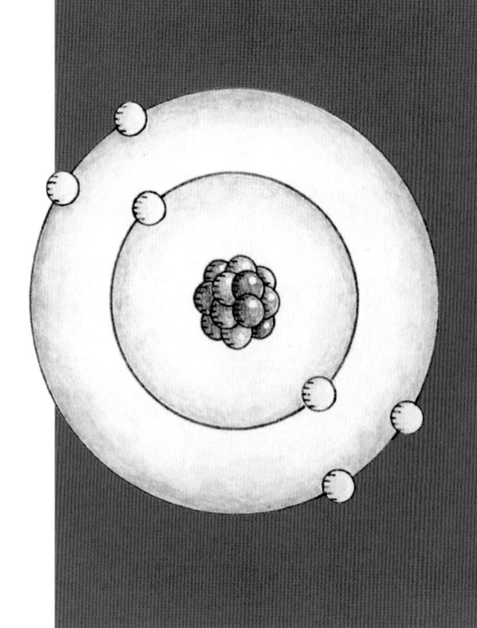

氧同位素是一种化学元素的变体，它们质子数目相同，但是中子数目不同，从而有着不同的原子量。氧同位素的分析是科学家了解历史气温状况的线索。

氧同位素氧 -18 比氧 -16 要多两个中子，所以当氧 -18 与氢元素结合形成水分子的时候，这一水分子量要比氧 -16 形成的水分子量重两个中子的质量。由于氧 -16 形成的水分子要轻一些，所以这种水分子更容易扩散，因而在水体的表面更常见；又由于它比氧 -18 形成的水分子更容易挥发，所以这两种水分子的比例取决于空气温度：气温越高，更多的氧 -16 形成的水分子被蒸发，从而更多的氧 -18 形成的水分子留了下来。

体型微小的有孔虫会用食物和水来制作它们的壳，它们死后沉入海底，变成了沉积物的一部分，多亏了有这种生物，反映地球气温的同位素信息得以被永恒地记录在海床的沉积物里。恐龙的骨骼也记录了它们的饮水中不同氧同位素的比例，为科学家探究当时的地球气温提供了进一步的关键证据。

二氧化碳含量的不断攀升，出现了所谓的“白垩纪温室”，当时全球的气温升到了历史最高。

“当大气中二氧化碳含量攀高的时候，开花植物就开始出现了，”巴雷特说，“不过这仅仅是可能的一种模式，没有人真正了解为什么开花植物能在这样的环境中如鱼得水，松柏类植物却消失殆尽。”

当时的氧气含量也很高，加上高温气候，大火周期性地蔓延。化石记录里的碳沉积提醒了我们大火的存在，而火灾会将土地上的所有植物都烧光，将养分还给土地。

继续移动

有证据表明，由于火灾的影响、气候的变化或是一地资源的耗尽，有些恐龙可能会通过迁徙去寻找新的食物。在科罗拉多和新墨西哥州之间保存下来的恐龙脚印告诉我们这种动物有固定的从北往南的迁徙路径。

巴雷特说：“根据对这些恐龙牙齿的同位素组成的分析，我们可以将它们与不同的生活环境匹配起来。目前只有有限的证据可以证明侏罗纪时期有些大型的蜥脚类恐龙可能会进行长途迁徙。”

从广义的时间范围来看，我们并不能确定恐龙的分布和种类的变化是由环境变化引起的。巴雷特说：“恐龙的动物群的确经历了几次变化，但是没有一次是真的与气候有关的。早期的恐龙动物群主要是由巨大的原蜥蜴下目恐龙组成，然后这一目因为某些未知的原因而灭绝了；之后出现的是蜥脚类恐龙，而它们的种群数量在侏罗纪末期大量减少；到了白垩纪时期，就是鸟臀目恐龙的天下了。这些事件都和气候变化没有直接联系，因而必定有其他一些我们不知道的原因在影响这一切。”

在白垩纪时期，最早的开花植物开始出现，落叶林也取代了针叶林。

适应和生存

我们清楚知道的是恐龙生活在一个持续变化的世界，而它们有能力在这样多变的环境里适应并繁衍生息。“中生代时期的每一片土地上都有恐龙的踪迹，”巴雷特说，“它们生活

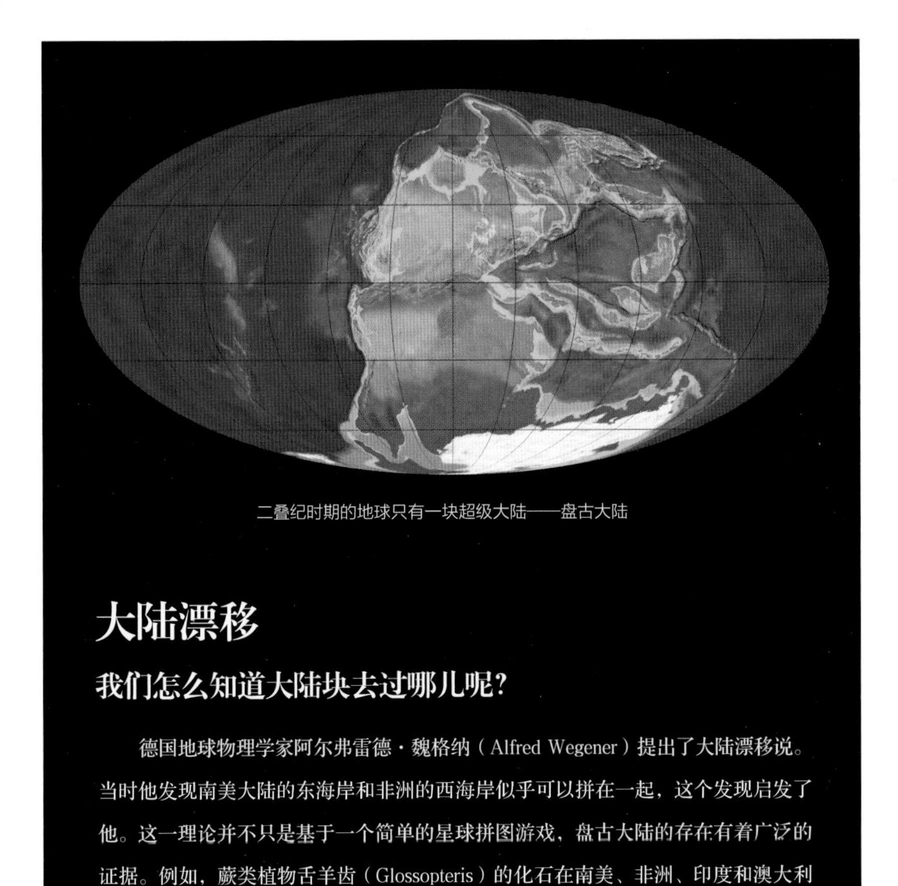

二叠纪时期的地球只有一块超级大陆——盘古大陆

大陆漂移

我们怎么知道大陆块去过哪儿呢？

德国地球物理学家阿尔弗雷德·魏格纳（Alfred Wegener）提出了大陆漂移说。当时他发现南美大陆的东海岸和非洲的西海岸似乎可以拼在一起，这个发现启发了他。这一理论并不只是基于一个简单的星球拼图游戏，盘古大陆的存在有着广泛的证据。例如，蕨类植物舌羊齿（Glossopteris）的化石在南美、非洲、印度和澳大利亚都有发现；在非洲和南美曾经相连的地区，岩层的模式也能够对得上。通过仔细比较这些现已分隔开的大陆上灭绝的和现存的植物和动物，塑造世界的地壳运动的奥秘已找到了答案。

有些恐龙生活在极高的纬度上，那里有着漫长黑暗的冬天

在各种不同的环境里，看上去它们似乎能适应所有的生存条件。在当时，不管是寒冷的极地、酷热的赤道，还是干燥的沙漠、潮湿的沼泽，在哪里都能看到恐龙的身影，它们的适应性非常强。”

恐龙唯一不能适应的就是另一场灭绝事件——白垩纪末期的小行星撞地球。这一撞，撞走了恐龙世界，结束了恐龙对这一星球长达 1.5 亿年的统治。

阿密特·卡特瓦特

中生代时期的每一片土地上都有恐龙的踪迹。

五大恐龙栖息地

恐龙的足迹遍布这个星球上的每一个角落，这种动物似乎在任何条件下都能生活。不过最重要的恐龙栖息地有哪些呢？

北美洲，河岸林

莫里逊地层是世界上化石蕴藏量最丰富的地方之一，这个地层从美国的北部一直延伸到加拿大的南部，它的起源是侏罗纪晚期的一片河岸林[1]。这里的居民包括蜥脚类梁龙和可怖的猎手——异龙。

① 河岸林指生长在河边或是沼泽边的树木和植被。

亚洲中部，戈壁沙漠

在白垩纪时期，戈壁沙漠和今天一样荒芜。恐龙在这里适应得很好，不过它们也会遭遇险境。20 世纪 70 年代在蒙古发掘出了两具正在战斗的恐龙骨架：一只是迅猛龙，一只是原角龙。有科学家认为，它们被一场突然的风暴淹没，从而被封存在这一场永恒的战斗中。

新墨西哥州，白垩纪平原

在白垩纪时期，在这片平原是食草动物的家园——直到今天也是如此；但是在当时，在这片开阔的平原上生活的并非是是嚼草的牛，而是以植物为食的恐龙，其中包括鸭嘴龙、角龙目下的三角恐龙以及鸟脚亚目禽龙（这也是最早发现的恐龙之一）。

欧洲岛屿

上升的海平面把现在的欧洲地区分隔为一个个小岛屿，从而导致了一种叫作岛屿侏儒化的生理现象的出现。小岛将少量的动物种类隔绝起来，因而产生了马扎尔龙[1]之类的侏儒恐龙。

① 身长仅6米，是一种小型雷龙。

北极和南极

当时的极点附近比今天要暖和很多，不过住在那里的恐龙仍然要面对漫长黑暗的冬天。这样极端的条件导致像是甲龙类敏迷龙这样的恐龙的脑子比正常的要小；而像是雷利诺龙（Leallynasaura）的一些恐龙则进化出了格外大的眼睛，从而能够更大程度地接收光线。

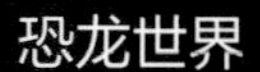

十大活化石

恐龙已经从地球上消失已久了，但是一些曾经和恐龙生活在同一片天空下的生物今天却依旧在我们身边。在这里，我们将讲述十大活化石的故事，这些动物在过去的 1 亿年都没怎么改变过模样。

尼罗河软壳龟主要以肉类为食，会吃鱼类、昆虫、两栖动物、小型哺乳动物和甲壳动物（crustaceans）

10 龟类

龟看上去总是那么不慌不忙，这并不奇怪——如果你也在地球上活了 2.4 亿年，你也会这样从容不迫的。

2015 年在德国，科学家发现了来自 2.4 亿年前三叠纪时期的原始龟类化石。此前，2007 年曾在中国发现来自 2.2 亿年前的乌龟化石。尽管这些原始龟类标本上的龟壳并不完整，但其帮助科学家了解了龟壳最初是怎样构成的。之前，人们认为龟壳只是一种皮肤骨板，和鳄鱼及一些恐龙身上的鳞甲类似；但是在中国找到的半成型的龟壳告诉我们，实际上龟壳是延伸的椎骨和连在一起的肋骨共同构成的保护盾。在中国找到的标本叫作半甲齿龟（Odontochelys semitestacea），历史比原颌龟更为久远。原颌龟 (Proganochelys) 是在欧洲被发现的，生活在大约 1000 万年前，与异龙有一些相似之处，比如说用于防止头部完全缩回壳内的带刺颈部和球棒状的尾巴。

原颌龟是一种早期的龟类，它与异龙有一些相同的特征，如颈部长有刺状物。

现代的大部分龟类，历史最早可以追溯到 5600 万年前至 3400 万年前的始新世。如鳖，软甲龟的一种，它就有一个长有三个爪子的祖先生活在始新世中期。尽管之前很多物种都被归于软壳龟属之下，但今天仅剩一种生活在地球上——非洲软壳龟（尼罗河软壳龟）。此外，我们也发现了水龟科（emydidae）动物的化石，这一种群包含了十几种现存的淡水龟和半水生龟，如欧洲泽龟和北美水龟，它们都起源于始新世末期。

在新西兰的大陆上，由于人类和啮齿动物的影响，大蜥蜴几乎灭绝

09 大蜥蜴

长有背刺的大蜥蜴生活在新西兰，它的血脉最早可以追溯到三叠纪。

大蜥蜴的名字“tuatara”在毛利语里意为“多刺的背”，它被称作“爬行动物遗迹”，是新西兰的本土动物，生活在新西兰沿岸的两片沙石遍布的群岛上。大蜥蜴的体长为30~75厘米，是一种生活在洞穴里的夜行生物，以昆虫、蛛形纲动物（arachnids）和虫类为食。尽管它们的外表看上去很像鬣蜥蜴，但实际上是喙头蜥目爬行动物（rhynchocephalians）的一员。

大蜥蜴是这一目的亚纲——斑点楔齿蜥（sphenodontian）的后裔，这一亚纲在三叠纪和侏罗纪时期非常繁盛。不同的斑点楔齿蜥之间体型差异巨大，比如说生活在三叠纪中期的舟爪龙（Scaphonyx）体型是现代大蜥蜴的四倍，体重达100千克。在白垩纪末期，斑点楔齿蜥几乎灭绝了，尽管最近的研究表明它们直至第三纪（Tertiary period）早期才被蜥蜴排挤掉。

今天仅有两个物种的大蜥蜴存活了下来：库克海峡大蜥蜴（Cook Strait tuatara）和更为少见的弟岛楔齿蜥。从19世纪开始，这两个物种都处于新西兰法律的保护之下。

现存的大蜥蜴物种仅有两个，自19世纪开始就处于新西兰法律的保护之下。

腔棘鱼死后身体非常臭，由于分泌一种鱼油，它们的肉也不好吃

08 腔棘鱼

人们一直认为这种史前鱼类已经灭绝了，直到1938年南非的一艘渔船又把它捕捞了上来。

腔棘鱼（Coelacanth）之前一直被认为已经灭绝了8000万年；在1938年一次偶然的机会中，它又在南非海岸重现踪迹。一艘名叫尼润（Nerine）的拖网渔船在沙朗那河（Chalumna River）附近捕到了它，船长亨德里克·古森（Hendrik Goosen）的手指被这种鱼咬断了，就是他通知了博物馆馆长马乔丽·考特尼·拉提莫（Majorie Courtenay-Latimer）。尽管已经被捕捉上来一段时间了，在渔网里鲨鱼、银鲛、雄鲑的层层压迫下，这条鱼还幸运地活着。考特尼·拉提莫这样描述这条鱼：“浅紫蓝色，身上银色的斑纹闪烁出彩虹的光泽。”并把它交由鱼类学家JLB.史密斯研究，这位专家给这种鱼取了一个拉丁名字“Latimeria chalumnae”（矛尾鱼），用于纪念这种鱼的发现地。史密斯认真钻研了现有文献，发现了这一物种和侏罗纪的波神(Undina)腔棘鱼的联系。

在20世纪末，第二个腔棘鱼类物种被发现，两个物种都和泥盆纪时期的化石非常相像。

更多的腔棘鱼在科摩罗群岛的沿海被发现，这种鱼在人们眼中是一种神秘的存在。有谣言称，矛尾鱼分泌的鱼油可以催情；也有人称，食用矛尾鱼会导致癌症。有科学家担心，这样的名声可能会导致矛尾鱼的灭绝，因为岛民会捕捉这种鱼类来销往海外或是黑市。不过在20世纪末，第二个腔棘鱼物种被发现了。尽管两个物种在结构上非常相似，但是印尼腔棘鱼（Latimeria menadoensis）体表是棕色的。两个种类的腔棘鱼都和泥盆纪时期的化石非常相近——时间过了3.72亿年，它们似乎还是老样子。

大部分的鲨鱼都有五对鳃，而皱鳃鲨则有六对伸出体外的鳃

07 皱鳃鲨

这种濒危的古老鲨鱼生活在海洋的深处。

2007 年，在日本的沿海水域，一名捕鱼业余爱好者有了一个举世震惊的发现。神户春雄（Haruo Kanbe）告诉当地海洋公园的生物学家，他拍下了这种可怕的鱼类，后来发现这是一头身长 1.5 米的雌性皱鳃鲨（Frilled shark）。能够在沿海看到这样的生物很不寻常，因为皱鳃鲨通常生活在 600~1200 米的较深海域。可惜的是，这头皱鳃鲨由于不适应浅滩的环境，在几个小时内就死亡了。

皱鳃鲨最早生活在 9500 万年前的白垩纪晚期，就像其他的活化石一样，自那时候开始，这种动物就没怎么进化过了。皱鳃鲨的眼睛可以调节进入眼睛的光线，所以它利用海洋里会发光的生物和洋流来辨别方位。它会猛扑向前吞食猎物，300 颗三叉状的牙齿可以帮助它咬紧猎物，防止猎物逃跑。尽管皱鳃鲨长相很可怕，它对人类却没什么威胁。

当然，这并不是唯一一种存活至今的史前鲨鱼。鲨鱼是最早出现在地球上的鱼类之一，它们光滑、流线型的身体从古到今都没怎么改变。鲨鱼的内骨骼是由软骨而非骨骼构成的，因而在死后很快就会被分解，很难形成化石保存下来，所以我们对早期鲨鱼的大部分认识都来自于牙齿和鱼翅骨。不过，在 2014 年 4 月，皱鳃鲨的“活化石”地位受到了挑战——在美国阿肯色州的欧扎克山区发现了一种新的化石标本，它与现代鱼类的联系比鲨鱼更为紧密。之前，人们一直以为鲨鱼比鱼类先进化出鳃，不过这一小型软骨鱼（Chondricthyan）的发现打破了这一理论。

皱鳃鲨会猛冲向前吞食猎物，它有 300 颗三叉状的牙齿，可以咬紧猎物，防止猎物逃跑。

06 鲎

鲎最早出现在侏罗纪时期，是蝎子的近亲。

尾部可以帮助鲎在翻转时保持平衡

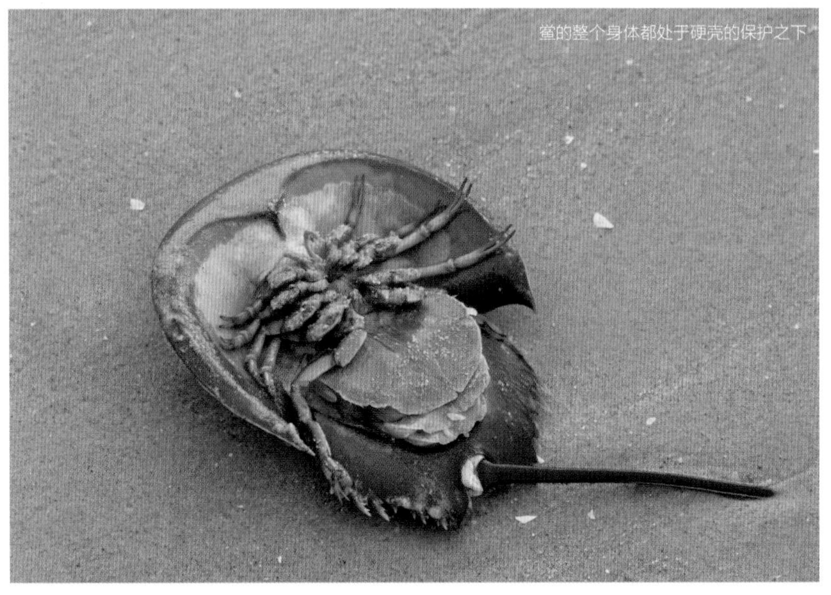
鲎的整个身体都处于硬壳的保护之下

目前，世界上有四种鲎（horseshoe crab），其中最著名的是来自大西洋的美洲鲎（Limulus Polyphemus）。和其他的活化石不同，鲎的数量并不稀少，在大西洋地区的数量就有几百万只，而且每年一次，鲎都会到如切萨皮克湾（Chesapeake Bay）之类的河口去产卵（很多一上岸就被海鸟吃掉了）。鲎并不是真正的螃蟹，而是有螯肢亚门（chelicerata）的一员，这一家族下面还有蝎子和蜘蛛；它的祖先可以追溯到三叶虫。

寒武纪（Cambrian）时期的原始节肢动物叫作光甲目（aglaspids），是鲎的直系祖辈，一路进化而来，它们有了更大的保护硬壳，不过在胸前的分块缺少了很多。鲎血缘最近的祖先应该是生活在 1.7 亿年前至 1 亿年前侏罗纪到白垩纪早期的中鲎（Mesolimulus）——这种动物和今天的鲎长得几乎一模一样，只是多长了一些刺而已。

和其他的活化石不同，鲎的数量巨大，大约有数百万只。

05 蟑螂

我们都知道蟑螂的生命力很强，不过很少有人知道它可是一种历史悠久的动物。

蟑螂喜欢在狭小的空间里生活，因为它喜欢身体的接触感

蟑螂是大自然的终极幸存者——据说，如果“核子末日”到来，它是唯一能够存活的物种。今天的世界上，有超过 4000 种蟑螂，它们最早的祖先来自 3 亿年前石炭纪的煤炭森林。在石炭纪末期，海洋逐渐干涸，只留下了潮湿的沼泽地带和茂密的沼泽植被，泥土将蟑螂的遗体很好地保存了下来，这就是为何在这些地区蟑螂的化石很常见。

早期的蟑螂比现代的体型要大很多，在美国俄亥俄州发现的标本体长有大约 9 厘米（不过，有些生活在热带领域的现代品种可能会比这个要大）。现代蟑螂最早是在侏罗纪早期出现的，来自这一时期的蟑螂化石和现代蟑螂非常相似，从外形进化角度来说，一个比较大的变化就是现代蟑螂没了外产卵管。

蟑螂能活这么长时间是有原因的。蟑螂体型小，行为低调，让它能够躲避捕食者；多样化的饮食习惯让它们几乎能在任何气候条件下生存。据说，有些种类的蟑螂可以连续几个星期不进食。

不过，所谓的核子末日也只是个传说而已。因为辐射会给蟑螂的生殖系统带来毁灭性的损伤，这就意味着，如果核子末日到来，蟑螂会因为无法繁育后代而灭绝。

最早的蟑螂比现代的体型要大很多，在美国俄亥俄州发现的标本体长大约 9 厘米。

04 锯鳐

嘴上长锯，身长 7 米的锯鳐已经足够吓人了，不过它的祖先体型比它还要大。

锯鳐鼻子上的“牙齿”实际上是一种改良的鳞，真正的牙齿还在下面呢

2006 年在美国乔治亚州水族馆拍摄的大齿锯鳐

我们对锯鳐的血统所知甚少，因为其下很多物种都在恐龙时代就已经灭绝了。

尽管外表和行为举止与鲨鱼很相近，但是锯鳐实际上属鳐形目。锯鳐长着一个招摇的长鼻子(或者说是喙)，两侧长有外边齿，看上去就像是一个锯子的刀片一样。今天现存的锯鳐有七种，最大的体长可以达到 7 米（从喙尖到尾巴）。它们生活在热带地区的沿海里，偶尔也会游向江口和河流。

我们对于这一科动物的血统所知相对较少，因为其下很多物种在恐龙时代就已经灭绝了。最早的锯鳐可能生活在 5600 万年前的始新世，不过有证据表明在之前的白垩纪可能有一种名叫帆锯鳐（Onchopristis）的锯鳐科动物生活在地球上。这一物种的椎骨是在 20 世纪 70 年代一头棘龙的下颌化石里发现的，这说明当时这条帆锯鳐正在为了繁衍逆流而上，却一不小心成了食鱼兽脚亚目恐龙的晚餐。帆锯鳐和它的后裔有些不同，它的口鼻部呈铲子状，体长比现代所见的最大锯鳐还要长上 3 米；不过它们也有着共同点：帆锯鳐和现代锯鳐的眼睛都长在头顶，这可以让它们注意到捕食者的行踪，而它们主要是靠传感器来定位河床里的食物，然后用它们的“锯子”猛插入水底，吓住猎物，再一口吞掉。

03 蚓螈

蚓螈看上去很像是一条虫子，不过它和虫子完全不同，有着悠久历史的蚓螈长有椎骨，而且水陆两栖。

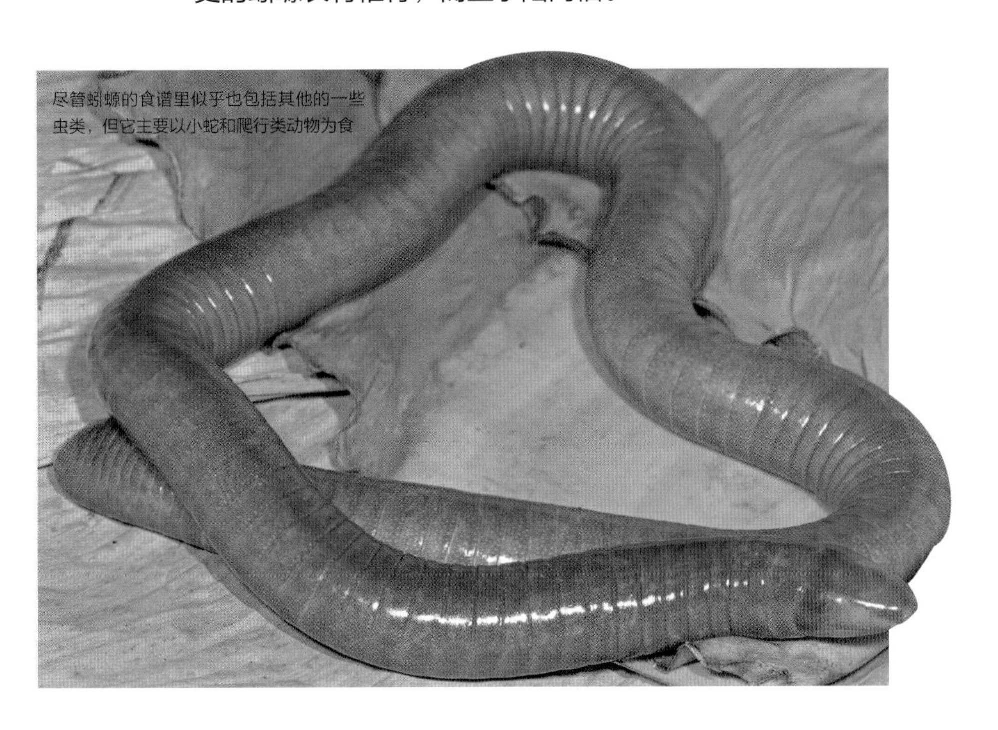
尽管蚓螈的食谱里似乎也包括其他的一些虫类，但它主要以小蛇和爬行类动物为食

跟蛙类和蝾螈（Salamanders）相比，蚓螈（Caecilian）也许是三大两栖动物家族里最不出名的一个了。蚓螈的外表看上去比较像是体型较大的蚯蚓或是小蛇，在热带雨林里最为常见。蚓螈的口鼻部很尖，非常会打洞，在眼睛和鼻孔之间长有可缩回的感应触须，用于发现附近的猎物，它们有力的下颌可以咬紧猎物。

很少有蚓螈的化石被发现，不过20世纪70年代一块来自古新世的蚓螈椎骨的出土奠定了它们活化石的地位。蚓螈的原始形态最早出现在侏罗纪时期，那时候蚓螈长有细小的四肢和更加突出的眼睛。随着时间的过去，眼睛的作用越来越弱，到了现代，很多蚓螈的眼睛都埋藏在了皮肤之下，从外表看只有两个小突起。虽然蚓螈的名字“caecilia”来自拉丁语，意思为“看不见的”，但是实际上它们的眼睛还是可以分辨光的。

就像同时代的蛇一样，古蚓螈发育不全的四肢在进化中慢慢消失了。我们对早期蚓螈的了解非常少，所以现在还不清楚它最早是从哪一种四足动物进化而来的。有些古生物学家认为，跟蛙类和蝾螈不同，蚓螈的祖先更有可能是早期的羊膜动物（amniote）而非原始的两栖动物。

和很多史前的蛇一样，蚓螈的四肢在进化中慢慢消失了。

第一批爬行动物出现在3.1亿年前。目前认为最早出现的爬行动物是林蜥，而它的化石是在加拿大的新斯科舍（Nova Scotia）被发现的。

红海胆几乎比所有的动物都要长寿——它可以活到200岁

海胆的生殖腺在地中海国家是一道美味佳肴

紫海胆（Strongylocentrotus purpuratus）的口面，可以看到海胆口器上的牙齿、棘刺以及管足

02 海胆

不管是在今天，还是在2.5亿年前，海胆都是一种常见的生物。

海胆化石是保存得最好的化石种类之一。最早的海胆化石来自古生代，不过是在白垩纪大灭绝事件之后，这种棘皮动物（echinoderm）才真正开始繁盛起来，发展出了几个不同的物种。其中环形疣海胆（Phymosoma）和被称作“海土豆”的锥海胆（Conulus）已经灭绝了，因为它们探入海床获取营养的棘刺更小。

形状更普通的海胆反而活了下来，比如说三重冠头帕海胆（Phalacrocidaris）最早出现在白垩纪晚期，已经在地球上生活了9000万年了；其他来自头帕家族的海胆在漫长的岁月里也没有太多变化。海胆的身体呈球形，辐射状的棘刺可以长到14厘米。这些棘刺具备双重功能，有了这些棘刺，海胆可以在海床上迅速移动，其中的毒素可以吓退捕食者。

海胆的口器又被称作“亚氏提灯”[①]（Aristotle's lantern），结构奇怪而复杂，长得像鸟嘴，海胆用它从岩石上刮取食物。这种生物能够存活至今的原因似乎在于它简单而灵活的饮食结构。海胆是杂食性的食腐动物，一点也不挑食，所以寻找食物对它们来说完全不成问题。海胆和它的“近亲”海参一样，都是我们探索史前世界的钥匙。

① 这个名字是古希腊哲学家、科学家和自然学家亚里士多德取的。

三重冠头帕海胆已经在地球上生活了9000万年了。

像图中古巴鳄一类的鳄目动物可以伸直四肢行走（“高走”），而其他的爬行类动物做不到

01 鳄目动物

这一冷血杀手从三叠纪开始便生活在地球上了。

鳄目动物是两栖类爬行动物，一生中大部分时间都在水中度过，偶尔会上岸

鳄鱼一族自 2.4 亿年前恐龙出现开始就生活在地球上了，今天世界上有 23 种鳄目动物，包括凯门鳄和短吻鳄——这两者不过是多样化族群里的一个小分类。

来自侏罗纪末期至白垩纪初期的角鳞鳄（Goniopholis）是一种早期的鳄目动物。这种猛兽天生擅长伏击：它的眼睛和鼻孔都长在头骨顶端，这让它几乎可以完全藏在水下而不影响呼吸。它的吻部长而低，腿部特有的行动方式赋予了它蜿蜒的步态。

地蜥鳄（Metriorhynchus）是一种海洋鳄鱼，进化让它适应了海洋里的生存环境。尽管目前并没有发现这一物种的蛋或巢穴，但科学家认为地蜥鳄可能会上岸产卵。与陆地鳄鱼不同的是，地蜥鳄的四肢长得更像是船桨，脚趾之间有蹼，并长有像鱼一样的鳍，可以帮助它在水中前进。地蜥鳄的体长只有 3 米，远不及现代的很多鳄鱼，但是它也是一种凶猛的捕食者——流线型的身体让它能够快速地抓住猎物。它唯一的弱点在于没有鳞甲（身披鳞甲的话在水中活动阻力会很大），这让它很容易受到更大型的爬行动物的攻击。

我们进入古新世，就可以看到最早的短吻鳄之一——双犬齿兽（Diplocynodon）。这种鳄鱼的吻部更宽更圆，长有和现代凯门鳄相似的骨甲，它的遗迹在欧洲各地的沼泽和湿地栖息地都有发现。

不过鳄目动物的演化路线还可以追溯到更遥远的年代——它的祖先最早可能是体型相对较小的两足股薄鳄（Gracilisuchus）。之后出现的原鳄（Protosuchus）是一种四足爬行动物，和现代鳄鱼有很多相似之处，但是体型还是显得太小、太轻了。直至侏罗纪时期原鳄灭绝，鳄目动物才进化出更大的体型：没了原鳄这一种浑身披甲、水陆两栖的竞争对手，鳄目动物通过进化填补上了空缺的生态位。

地蜥鳄的体长不及现代鳄鱼，但是凶猛却不减。

克里斯·席林
（Chris Schilling）
科学作家
克里斯曾是一个涉猎广泛的自由撰稿人，他的作品在很多出版物上刊登过，包括《观察家报》和《每日电讯报》。

科学掠影

恐龙时代的精彩画面

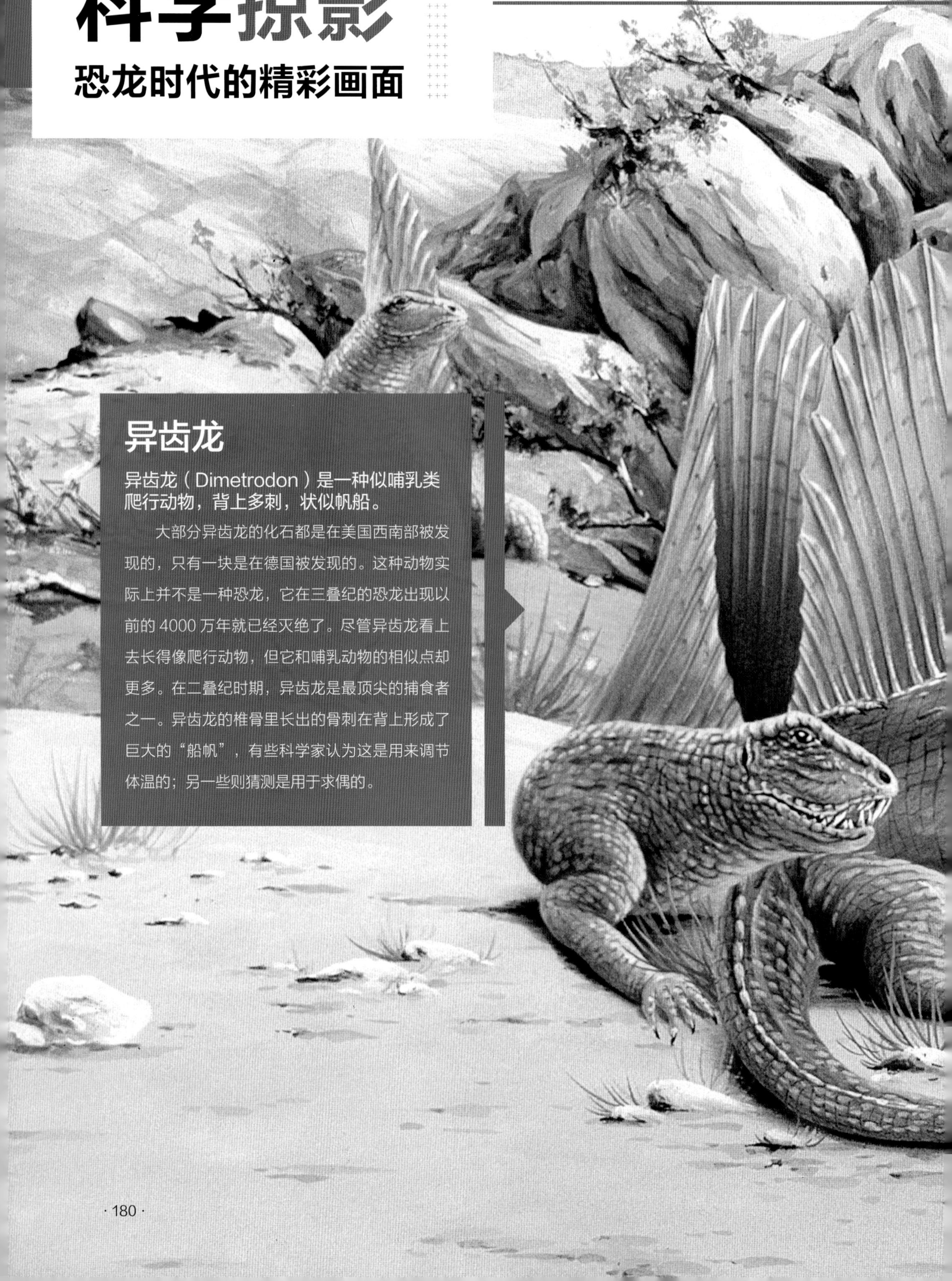

长棘龙是下孔类（synapsids）家族的一员。

异齿龙

异齿龙（Dimetrodon）是一种似哺乳类爬行动物，背上多刺，状似帆船。

大部分异齿龙的化石都是在美国西南部被发现的，只有一块是在德国被发现的。这种动物实际上并不是一种恐龙，它在三叠纪的恐龙出现以前的 4000 万年就已经灭绝了。尽管异齿龙看上去长得像爬行动物，但它和哺乳动物的相似点却更多。在二叠纪时期，异齿龙是最顶尖的捕食者之一。异齿龙的椎骨里长出的骨刺在背上形成了巨大的“船帆”，有些科学家认为这是用来调节体温的；另一些则猜测是用于求偶的。

异齿龙意为"两种尺寸的牙齿"，取这一名字是因为这种恐龙有两种牙齿：一种是锋利的犬齿，另一种是用来研磨石块的臼齿。

雄性有袋类哺乳动物（marsupials）阴茎呈叉状。
雌性有袋类有两条阴道，分别通向两个子宫，两个子宫可以同时受孕。

哺乳动物的兴起

哺乳动物活得比恐龙长，头脑比鸟类聪明。那么它们是从哪儿来的？又是什么让它们这么能适应环境呢？

小行星的撞击终结了恐龙时代，不过这里并不是哺乳动物进化的开端。实际上，恐龙和哺乳动物出现在差不多同一个时间，共同生活了1.5亿年。尽管我们把恐龙灭绝之后的时代称作“哺乳动物时代”，但在那之前，哺乳动物的进化历史已经过去了三分之二；而在二叠纪灭绝事件之前很久，哺乳动物的独特特征就已经出现了。因此，哺乳动物已经从两场大灭绝中存活了下来。

辨别现代哺乳动物主要是通过以下几个独特的特征：毛皮，乳头和用于孕育胚胎的胎盘（最明显的特征）。不幸的是，这些特征都很难被化石保存下来。为了在化石记录中找到哺乳动物，古生物学家靠的是分析头骨和下颌上最细微（也是最重要）的一些区别特征。

第一只哺乳动物出现在大约3.2亿年以前。那时，一个类群的陆地动物在头骨两侧进化出了下颞孔，这个孔洞在不影响力量发挥的同时减轻了头骨的重量，并为下颌的肌肉提供了更多的附着点。这种早期动物被叫作“下孔类”，有时也被叫作似哺乳爬行动物，不过后者是个误称，因为它们全新的头骨形状证明它们已经完全脱离了爬行动物家族。

下孔类主要是大型动物，主宰了二叠纪时期的大陆，直至2.52亿年前的大灭绝。这场大灭绝让70%的陆地脊椎动物消亡，其中包括所有的大型下孔类。存活下来的下孔类是体型较小的犬齿兽亚目（cynodonts），名字的意思为“狗的牙齿”。

恐龙统治

爬行类动物都长有相同形状的牙齿；而犬齿兽亚目则有着一对长长的尖牙，用于咬住猎物。犬齿兽亚目的上颚非常坚硬，可以让它们一边咀嚼食物，一边呼吸。这些适应都是有用的，不过这还不够。三叠纪时期的地质环境更加的荒芜，这对于犬齿兽亚目的敌手——早期的恐龙非常有利。因为早期的恐龙并不需要出汗，像鸟类一样，它们的代谢物会以尿酸的形式和粪便一起排出体外，而不需要浪费水资源来形成尿液。在三叠纪时期，

始祖兽（Eomaia）是最早的有胎盘哺乳动物之一，会捕食蜻蜓

有袋类动物的育儿袋就像是它们培育二代的第二个子宫

奇怪的表亲

有袋类动物是怎样出现的呢？

有袋类动物（marsupials）有毛皮，生育幼崽，也会给后代哺乳；不过和有胎盘哺乳动物相比，它们的后代在子宫里待的时间更短，通常只有4~5周。在那之后，胎儿会自行从产道爬向育儿袋，咬紧母亲的乳头，然后在那里度过第二个“妊娠期”。有袋类动物曾经被认为是比有胎盘哺乳动物低级的生物，因为看上去它们的生殖系统可以为胚胎提供的保护更少。曾经有人认为有袋类动物在澳大利亚比较繁盛只是因为这一大陆早就从盘古大陆分裂了出去，有胎盘哺乳动物无法涉足这一地区，所以没有其他生物能和有袋类动物竞争。不过，英国赫尔大学（Hull University）脊椎动物学讲师伊莎贝拉·卡佩利尼（Isabella Capellini）博士认为这两种看法都是错误的。

“在南美洲和大洋洲之外的很多地方，有袋类动物的确都已经灭绝，但是很多其他的哺乳动物也有同样的遭遇。在大洋洲，至少发现了一种有胎盘哺乳动物的化石，证明有胎盘哺乳动物在灭绝以前是和有袋类动物生活在一起的；而且在中新世（Miocene）和上新世迁移而来的啮齿动物（rodents）也似乎没有对有袋类动物造成什么影响。大洋洲的隔绝的确给有袋类动物带来了益处，不过这并不意味着它们在任何方面都不如有胎盘哺乳动物。”

有袋类动物也许是在1.6亿年前的侏罗纪中期从有胎盘哺乳动物分支出来的。单孔目动物（monotremes）是哺乳动物的一个远亲子群，遗传研究表明它们早在2.2亿年前就已经从哺乳动物家族里分离了出去，其中只有扁嘴的鸭嘴兽和多刺的针鼹（Echidnas）存活了下来。

在侏罗纪时期，獭形狸尾兽（Castorocauda）之类的哺乳动物适应了河边的生活

小型的食虫生物和恐龙根本不可同日而语，怎么能成为竞争对手呢？

恐龙很快就占了上风，进化出了更大的体型。据来自布里斯托大学的古脊椎生物学的教授迈克·本顿（Mike Benton）说，哺乳类动物采取的方式完全相反。

“第一批出现的哺乳动物体型很小，长有小而尖的牙齿，以昆虫为食。那时候的大部分哺乳动物都可以放入我们的手心，就像鼩鼱（Shrews）。它们和它们的祖先以及当时大部分的爬行类动物完全不同，那些爬行动物甚至根本都注意不到它们。尽管我们也说第一批恐龙体型小，但是就算是小恐龙体长也有1~3米，靠两足行走，以血肉为食。”

在接下来的1亿年里，恐龙进化得越来越大，但是哺乳动物仍然体型很小；恐龙慢慢登上了陆地动物食物链的顶峰，哺乳动物却还在东躲西藏。哺乳动物挖洞穴，仅在夜间活动。它们下颌上的一些骨头缩小了，并移动到上方的位置变成了中耳的小骨。这使得它们的听力更加敏锐，并在下颌后方为脑腔的扩展提供了空间。有了更大的大脑之后，哺乳动物能够处理更加敏锐的嗅觉带来的信息输入；它们从能识别四种原色变成了只能识别两种，这样的专门化发展提高了它们的夜视能力（灵长类后来进化出了可以识别三种原色的眼睛）。

白垩纪之前，哺乳动物和恐龙都已经完成了重要的进化和多样化；不过两者都没能完全取代对方。“很多人得知哺乳动物的历史和多样性之后感到惊讶，觉得它们本可以击败并取代恐龙的地位，”本顿博士说，“但

哺乳动物的七个年代

3.59亿年前～石炭纪

地球上四处都是广袤的森林。两栖类动物主宰了石炭纪早期；不过在石炭纪快要结束的时候，气候变得更加的寒冷干燥，雨林开始萎缩，第一批似哺乳动物的下孔类开始出现。

2.99亿年前～二叠纪

下孔类动物分化出了背部有帆状结构的盘龙目（如异齿龙）和兽孔目（向直立行走发展）。第一批犬齿兽亚目就是在这个时候出现的，它们有恒定的体温，长有皮毛，不过仍然是蛋生动物。

2.52亿年前～三叠纪

二叠纪末尾的大灭绝之后，恐龙开始统治地球。一些犬齿兽亚目进化成了体型更大的草食性动物来避免遭到捕猎；另外一些哺乳动物则进化成了体型更小、形似鼩鼱的动物。第一批单孔目动物出现。

2.01亿年前～侏罗纪

草食性的犬齿兽亚目无法与大型的蜥脚类恐龙竞争，慢慢灭绝，地球上仅剩下了小型哺乳类动物。这些小型哺乳类动物从完全的食虫动物分化出来，进入了不同的生态位，比如，会爬树、吃果实的哺乳动物以及在水中生活、长得像水獭的獭形狸尾兽。

1.45亿年前～白垩纪

第一批有袋类动物和第一批有胎盘哺乳动物开始出现。白垩纪末的大灭绝让恐龙灭绝了，但是留下了大部分的哺乳动物种群。

6600万年前～第三纪

哺乳动物进化成体型更大的各种专门形态。鲸鱼、蝙蝠以及灵长类动物就是从这个时期开始出现。在这个时期接近尾声的时候，大型的食草动物开始漫步在大片的草原上，如重达16吨的巨犀（Paraceratherium）。

2300万年前～新近纪

大陆基本上都移动到了它们今天所在的位置，南北美洲也终于连接在了一起。原始人类（hominids，人类的祖先）开始进化；南猿（Australopithecus）出现在这一时期的末尾，也就是现代地质时代开启之前。

是它们并没有，它们失败了。这是因为恐龙和哺乳动物有着完全不同的生活习性，很自然地避免了竞争。一种从小型食虫动物发展而来的生物根本无法与恐龙同日而语，又怎么能成为竞争对手呢？这就像是水仙花想要和橡树一决高下一样。”

生存灾难

6600万年前，一颗直径15千米的小行星撞击地球，落在了今天墨西哥的尤卡坦半岛（Yucatan peninsula），将恐龙这一生物从地球上抹去。这场撞击给地球的生态系统带来了灾难性的后果，地质学上的片刻之间，恐龙灭绝了。不过，尽管二叠纪的大灭绝抹杀了大部分的下孔类，但是这一次哺乳类动物都幸免于难。本顿博士认为这主要是它们的小体型帮了大忙。他指出：“如果想要在一场灾难中幸存下来，最好不要长得太大。这也是大象所要面临的问题：有着庞大体型的动物需要的食物量非常巨大，而且族群数量也很难增加。因而在地球上的特定区域，可能只有100头大象在生活，却存在着几百万只老鼠——谁能够活下来是显而易见的。这是个简单的算数问题。”

恐龙的灭亡腾出了很多生态位。化石记录显示，这一时期哺乳动物突然开始大量分化，来适应新的生态位；不过分子遗传学的研究表明，这一多样化过程在这之前几百万年就已经开始了，现代所有哺乳动物的祖先在恐龙灭绝以前就已经生活在地球上了。也许是哺乳动物早已蓄积好了基因多

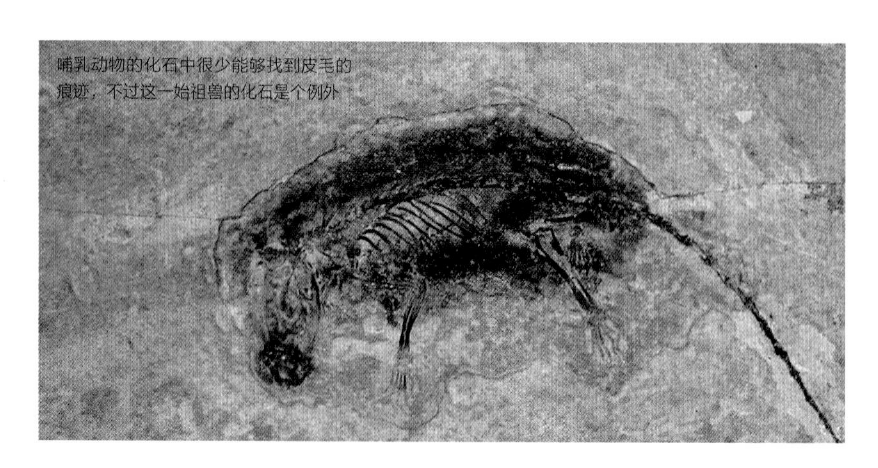
哺乳动物的化石中很少能够找到皮毛的痕迹，不过这一始祖兽的化石是个例外

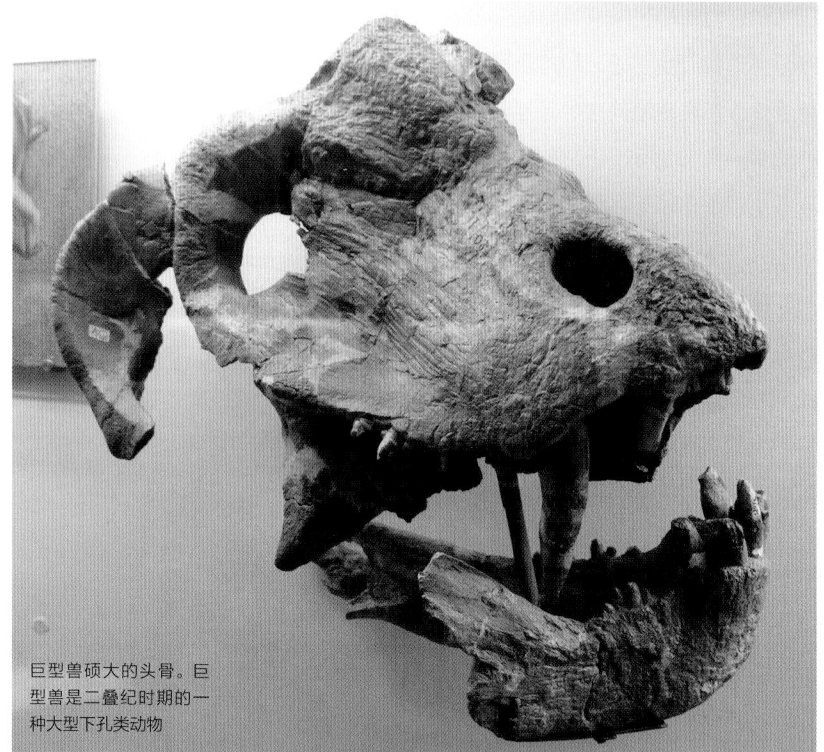
巨型兽硕大的头骨。巨型兽是二叠纪时期的一种大型下孔类动物

二叠纪时期的下孔目动物，比如图中这个2.85米长的巨型兽，表面看上去非常像爬行动物

样化所需的能量，只要生态位一空缺，这能量就会迸发出来。由于体型小，哺乳动物在小行星撞击后存活了下来；不过它们繁盛的原因是它们有一种其他幸存者（如蜥蜴）没有的特征：恒温、智慧和分门别类的牙齿。

哺乳动物的对手

哺乳类动物的崛起不是必然的。恐龙灭绝后的 1000 万年至 2000 万年，它们的命运还悬而未决。在南美洲地区，有一种不会飞的巨型肉食鸟类像它们的祖先恐龙一样，开始发展进化；体型巨大、行动迅速、长有恐龙一样锯形齿的鳄目动物当时也在迅速发展。不过当时的气候正在变冷，鳄目动物并不适应在这样的环境生存，而本顿认为哺乳动物还有另外一个优势。他说：“由于牙齿的多样性，哺乳动物有着惊人的适应能力。它们可以适应各种各样的食物，但是鸟类不行，因为鸟类没有牙齿。”

头骨特辑

哺乳动物的牙齿和它们的食谱一样多变。

羽齿兽（Ptilodus）

这种动物来自白垩纪晚期，体型和松鼠相似，生活在树上。它们的下颌是哺乳动物牙齿种类丰富的典型例证。长在后方的大牙形状如宽大的切割刀片，这可以帮助羽齿兽咬开种子和坚果；如果要抓虫子和昆虫的话，它们锋利的尖牙是个好帮手。

爬兽（Repenomamus）

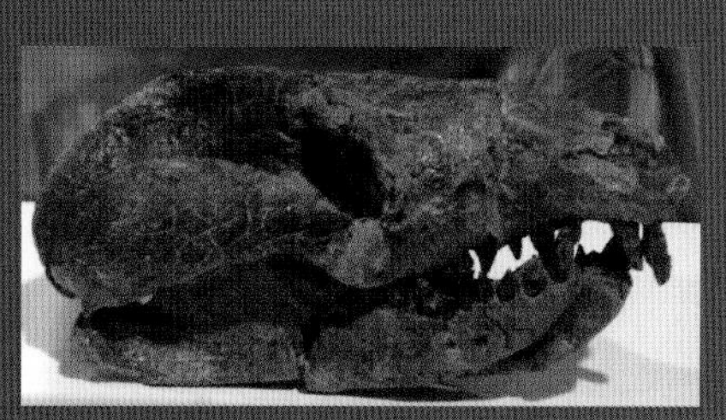

白垩纪时期已知的体型最大的哺乳动物也不过是一只獾的大小，不过，其中有一些成员仍然是肉食动物。2005 年，强壮爬兽（Repenomamus robustus）的化石被发现，它的肚子里还有幼年鹦鹉嘴龙（Psittacosaurs）的骨头。不过目前我们还不确定，这种哺乳动物究竟是捕食恐龙，还是仅仅为清扫猎场的食腐者。

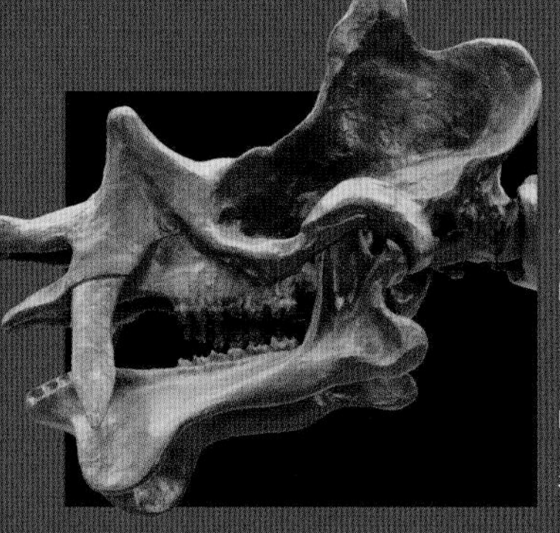

尤因它兽（Unitatherium）

尤因它兽来自古近纪（Paleogene），体型和犀牛差不多，是一种食草动物。它嘴里后方的臼齿可以用于咀嚼沼泽植被；前方更锋利的门牙则帮助它啃咬更细小的叶片；巨大的上尖牙可能是用于防御或是挖食植物的根部，又或者两个功能兼具。

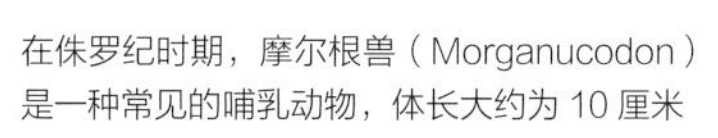

在侏罗纪时期，摩尔根兽（Morganucodon）是一种常见的哺乳动物，体长大约为 10 厘米

路易斯·维拉宗
（Luis Villazon）
自由撰稿人
主要写作领域是生物科学和自然世界，他拥有动物学和计算机科学两个学位。

实际上，完齿兽（Entelodons）并不是一种巨大的猪。尽管它们长得有点像野猪，但是从血缘上来说它们与鲸鱼和河马更相近。

5 五大史前哺乳动物

哺乳动物最早出现在 2.2 亿年以前，在恐龙灭绝时存活了下来，成为了地球的新一代主宰。

超级野猪

01 完齿兽

想象一下一头和电话亭一样高、和犀牛一样大的野猪，这就是凶猛的完齿兽（Entelodons）的样子。完齿兽生活在渐新世早期，在欧洲和亚洲很常见。这一有蹄野兽什么都吃，从腐烂的果实到别的动物吃剩的尸体，甚至吃其他的完齿兽，因而它的体重最重可达 1 吨；尽管体型庞大，完齿兽的奔跑速度依然非常快。实际上，这一猛兽最大的敌人就是自己的同类。在完齿兽头骨化石上发现了可怕的伤痕，这可能是在与同类争夺地盘和食物中留下的，而这类战斗的结果通常是同类相食。不管它们曾经多么凶残，也在 2300 万年前消失在地球上了，取而代之的是它们的现代近亲——温和的猪。

完齿兽长得像一头野猪，体型却像是一头犀牛

大型灰熊

02 巨型短面熊

巨型短面熊（Arctodus simus）可能是美洲出现过的最大的哺乳动物；把时间局限于更新世冰期（Pleistocene Ice Age，约 2000 万年前至 1 万年以前），它是当之无愧的北美洲最大的食肉动物。体型最大的巨型短面熊爬行时身高可达 1.8 米；如果靠后腿站立的话，就有 3.9 米。

人们通常误认为熊是非常笨拙的野兽，但是这一庞大的哺乳动物时速最高可达 64 千米，这一速度可以让它所向披靡。不过，古生物学家并不确定巨型短面熊有足够的力量捕猎大型猎物；它很有可能四处游荡，靠吓走其他小型的猎手来抢夺它们的食物。

巨型短面熊的最高时速可达 64 千米

奇怪的清道夫

目前，我们仅发现了一块来自 5000 万年前的清道夫——安氏中兽的头骨

03 安氏中兽

1923 年，博物馆的研究员们在一次内蒙古探险中有了一个神奇的发现，这一小组的领队罗伊·查普曼·安德鲁斯（Roy Chapman Andrews）报告，他们发现了一个“庞然巨兽的超级头颅”。

这个大约 1 米长的头骨里长有巨大的牙齿，可以咬碎骨头；它的头身比和近亲中爪兽（Mesonychids）相似，因而它从鼻子到尾部的体长可能达到 4.8 米——它可能是有史以来最大的肉食性陆地哺乳动物。

一般认为，这一动物生活在大约 3400 万年前至 5600 万年前的始新世时期，可能会成群打猎，主要以软体动物和龟类为食，偶尔会吃腐尸。令人惊讶的是，它们和现代土狼（Hyena）之类的清道夫并无关系，而是和绵羊、山羊之类的有蹄动物血缘上更亲近一些。尽管如此，有些古生物学家认为，这一食肉动物可能会捕食与它们共同生活在亚欧栖息地上的雷兽[1]（Brontotheres）。

这一生物被罗伊命名为蒙古安氏中兽（Andrewsarchus mongoliensis）。发现的这块头骨在美国自然历史博物馆被展出，这是目前有关该物种发现的唯一一件标本。

---

[1] 长得像犀牛的食草动物。

海洋怪兽

04 利维坦

利维坦这一词通常被用于形容赫尔曼·梅尔维尔（Herman Melville）小说《白鲸》里的那头鲸鱼，不过亚哈船长应该庆幸他碰上的不是这一凶猛古代海洋猎手——形似旧约《圣经》里海洋魔鬼的利维坦（Leviathan）。

这只庞大的海洋巨兽头骨长达 3 米，是 2008 年在秘鲁的海岸发现的，它生活在 1300 万年以前的中新世中期。头骨之外的身体骨骼现在还没有被找到，不过根据头身比估计（它又尖又长的牙齿都长达 30 厘米），它的体长大约有 15 米，是一头恐怖的食肉猛兽，会捕食其他的鲸类，乃至体型同等大小的鲨鱼（如巨齿鲨）来果腹。

不过这样一位霸主也没能事事如意，它最近被重新命名为梅尔维尔鲸（Livyatan melvillei），因为利维坦这个名字已经被另一种动物——乳齿象（Mastodon）侵占了。

艺术家眼中的梅尔维尔鲸（Livyatan melvillei，左）和新须鲸（Cetotherium，另一种古老的鲸鱼）

原始河马

冠齿兽是一种体型巨大、行动笨拙的食草动物，长相上和现代犀牛很相近

05 冠齿兽

冠齿兽（Coryphodon）的名字意思是“有冠的牙齿”，它是恐龙灭绝之后第一个出现在地球上的大型草食性哺乳动物种群。它的体长仅 2 米，身高 1 米，体重约半吨；它的大腿又粗又短，用以支撑它庞大的体重，可是这样它没法快速逃跑了。不过在 5600 万年前至 4800 万年前的始新世，大部分的猎手都比这一长得像河马的动物要小得多，逃跑这一技能也就无关紧要了。

冠齿兽有一对巨大的尖牙，可以用来在杂草丛生的沼泽地挖食植物；当然也有可能是用于求偶中的炫耀。还好智商不算是求偶的必要条件，因为这一野兽的脑腔容量格外的小，更像是剑龙的脑部大小，作为哺乳动物来说，就有些不合格了。

蒂姆·哈德威克
（Tim Hardwick）
科学记者
自由撰稿人，对科学技术和进化生物学很感兴趣；同时在文学史方面也很有经验。

第一次使用“恐龙”这个名字是在1842年。
它来源于古希腊词“dinos”（可怕的巨大体型）和“sauros”（蜥蜴）。

重识恐龙

在传统的印象中，恐龙身形巨大、身披鳞甲；但最新的研究让我们意识到，我们必须重新认识这一曾经在我们星球上昂首阔步的生物。

06 迅猛龙

迅猛龙是电影《侏罗纪公园》中的明星，不过它们长得更像是鸟类而非爬行类。

新 有证据表明，迅猛龙很有可能像现代鸟类一样长有羽毛

旧 就如《侏罗纪公园》里看到的那样，人们认为迅猛龙是身披鳞甲的捕食者

迅猛龙生活在白垩纪时期，很多人对于这种恐龙的印象来自好莱坞大片《侏罗纪公园》。在这部电影里，迅猛龙是成人大小、身披鳞甲的超级捕食者；它向下的爪子非常灵活，甚至可以开门；长得很像两足版的科莫多巨蜥（Komodo dragon）。不过实际上，迅猛龙并不长那样。最新的研究表明，迅猛龙的体型非常小，仅有不足 1 米高，体重也不到 20 千克；它的手掌是朝内的，形态和今天的鸟类差不多。

最重大的认知调整是有关迅猛龙的外形的。在中国东部发现的侏罗纪和白垩纪时期的石块里藏有保存完好的迅猛龙化石，这些化石告诉我们，迅猛龙之类的许多恐龙是长有羽毛的。

这些恐龙身上并非零星长了几根细毛，实际上，它们像现代鸟类一样，浑身布满了浓密的羽毛。迅猛龙的脸部、大部分鼻子以及下巴都长有绒毛；它们的脖子、身体和尾巴由厚密的羽毛包裹；它们的手臂上长有长羽，几乎遮住了它们长有尖爪的手指；而且从腿部到脚踝都覆盖有羽毛。

在现实中，迅猛龙之类的恐龙看上去一定更像是在陆地上行走的短翅鹰，而并非史蒂文·斯皮尔伯格（Steven Spielberg）在电影中塑造的那种身披鳞甲的蜥蜴类怪兽。

05 似鸟龙

保存完好的似鸟龙标本告诉我们这种恐龙长得和鸵鸟很像。

新 成年似鸟龙长有鲜艳的羽毛，这可能是用于求偶的

旧 科学家原来认为似鸟龙的长相如下图所示，但实际上这种恐龙的身体表面覆盖的是羽毛而非鳞甲

似鸟龙属下的似鸟龙是一种兽脚亚目恐龙，它们长着长长的脖子和长长的腿，没有牙齿。似鸟龙经常被叫作“鸵鸟龙”，因为不管是从比例上还是从体形上来说，这种恐龙长得都很像现存的最大鸟类——鸵鸟，虽然似鸟龙的尾巴更长更有力，下颌也更加强健。

之前，科学家一直认为，尽管似鸟龙体形像鸵鸟，但是它们的体表覆盖的是鳞甲而不是羽毛，而且外形上更像是爬行类动物。不过这个论断被证明是完全错误的。2012 年对加拿大似鸟龙标本的研究表明这种恐龙实际上是长有羽毛的；而在同一标本的手骨上发现了长而直的羽茎，结构与翅膀类似。

更神奇的是，从青年形态的似鸟龙标本的前肢上找不到羽茎，这说明仅有成年似鸟龙才有这种类似翅膀的羽毛结构。

旧 这种蜥脚类恐龙曾经被认为有一具胖乎乎的身体，行动迟缓

04 梁龙

在以前的画册里面，梁龙总是被画得肥胖松弛、行动迟缓，这简直是污蔑！

我们想起蜥脚类梁龙，脑海里总是出现一只大肚子长脖子的恐龙的形象，它的尾巴软软地拖在地上，脖子与地面平行；而在画册里，梁龙之类的蜥脚类恐龙总是长着一张消瘦凹陷的脸，眼睛之间长着鼻孔。不过最新的研究表明，这些印象都是错误的，我们必须重新认识梁龙。

梁龙并不像从前科学家认为的那样体态臃肿，又矮又胖。从梁龙的骨骼化石的形状可以得知，它的身材苗条有肌肉；它的脖子轻而灵活，主要以高处的树枝为食（从它的窄鼻和牙齿磨损情况可以看出）；再加上对现存生物脖子结构和形态的研究，现在认为梁龙的脖子一般情况下是向上抬起的。

从梁龙脊椎的连接方式可以看出，它的尾巴应该是横支着而不是下垂的；梁龙的皮肤上有着细小粗糙的鳞片；它的背上有一列锥形尖角，沿着尾巴的中线一直长到头顶。

血管排列、神经位置和其他一系列结构的研究表明恐龙的鼻孔并不是长在前额，而是在它该在的位置——脸部中间。有趣的是，最近的研究发现青年形态的梁龙和成年的梁龙长得很不一样，它们的头骨结构会随着年龄而变化，同时改变的可能还有它们的饮食结构。

新 最新的研究表明梁龙要比传统印象中的漂亮多了

03 镰刀龙

镰刀龙可不是“剪刀手爱德华”，它们比较像身披羽毛的杀手。

有证据表明镰刀龙可能长有羽毛 

旧 镰刀龙的确长有吓人的大爪子，不过它没有鳞甲

镰刀龙（Therizinosaurus）算得上是有史以来最神奇的恐龙之一了。它是20世纪50年代在蒙古被发现的，它的名字来源于它巨大的爪子（名字的意思就是“镰刀蜥蜴”），最开始人们以为这是一种巨大的、类似海龟的四足动物。20世纪80年代之前，在人们的印象里，镰刀龙是一种长脖子的两足兽脚亚目恐龙，有着宽大的臀部、强有力的后肢和短粗的尾巴。那时候的画像里，镰刀龙看上去格外的超现实，就像是“剪刀手爱德华”和拔毛火鸡的混合体。

详细的解剖特征再加上镰刀龙早期家族成员的发现告诉我们，镰刀龙是手盗龙类（maniraptora）的一员，而且和这一类目的大多数成员一样长有羽毛。镰刀龙的亲戚北票龙（Beipiaosaurus）长有浓密的羽毛，镰刀龙应该也是如此。镰刀龙的羽毛可能遮住它的手和手臂，从而改变它的轮廓。

北票龙的标本表明，在镰刀龙的羽毛外衣之下，很有可能长有长刺状绒丝。在体型较大的镰刀龙身上，绒丝可长达30~40厘米，这可能会让它的脖子和身体看上去像是长满了尖刺。

02 埃德蒙顿龙

我们对于这种鸭嘴恐龙已经非常了解，不过更多的秘密正在被不断发掘。

新 在加拿大发现的新标本显示，这种恐龙头顶很有可能长有肉冠

旧 传统的观点认为埃德蒙顿龙有着细长的脖子，长相不起眼

埃德蒙顿龙（Edmontosaurus）是一种典型的鸭嘴恐龙。它是生活在白垩纪末期的草食性四足恐龙，它的口鼻部较宽，有着长长的下巴和排列紧密的大量后齿。发现的埃德蒙顿龙木乃伊标本上保有完好的皮肤，这让我们能够了解更多关于这一恐龙的细节。我们对于这种鸭嘴恐龙已经非常了解，不过更多的秘密正在被不断发掘。最近的发现改变了人们一直以来对这种恐龙外貌的理解。

在早期的工艺品和博物馆的模型中，埃德蒙顿龙总是直立站着，像是一只巨大的袋鼠，尾巴垂在地上；那时候人们还认为这种恐龙有着细长的脖子和握紧的前爪。一些对现存生物的解剖学研究很早就质疑过这些观点，最近的研究表明埃德蒙顿龙的脖子可能是短而粗的，而它的尾巴则应该更长一些。

不过，最新的发现中最令人惊讶的还是埃德蒙顿龙的顶冠。在埃德蒙顿龙的头顶，很有可能有一个完全由软组织构成的圆形顶冠，就像一顶鸡冠。如果被证实，就说明很多未发现有顶冠骨骼的恐龙很有可能长有肉冠。

01 风神翼龙

风神翼龙并没有细长的翅膀，脑袋也不小；它巨大的头颅上还顶着一尊头冠。

旧 最早的风神翼龙是以消瘦、光秃秃的形象出现的

新 这种巨型飞行类爬行动物很有可能像它的亲戚一样，身上长有细毛

风神翼龙是飞行类爬行动物翼龙的一种，翼龙是恐龙的远亲，并不是恐龙。翼龙不仅会飞，还会行走、爬树，它们在中生代的地球上纵横天上地下。

风神翼龙是最迟出现、体型最大的翼龙之一，它是繁盛的神龙翼龙（azhdarchids）一族的成员之一。自20世纪70年代被发现以来，风神翼龙在人们心目中的形象有了明显的变化。早期的模型中，风神翼龙看上去像一只长着细长翅膀、光秃秃的大型鹳鸟。新的研究数据让科学家意识到，相对于体型而言，它的翅膀并非细长，而是相对较短的。骨骼标本显示，在风神翼龙的脖子和下颌之间的部分是可伸缩的，这就意味着它的脖子比原来画像中的要宽大很多。

研究中获得的新信息也改变了我们对这种动物头部形状的认识。我们过去就发现了风神翼龙有着硕大的脑袋，不过关于顶冠，从前的确没有准确的认知。此外，在中国发现的标本推翻了翼龙无毛的结论，翼龙的“头发”实际是一种独特的结构，最初有专门的名词称呼，叫作“pycnofibres”，意为“密集丝状物”。这种毛发在大部分的翼龙家族成员上都有发现，是共同特征。现在在我们的想象中，风神翼龙不应该再是光秃秃的了。

达伦·奈什博士

科学掠影

恐龙时代的精彩画面

小盗龙

小盗龙体型小，有翅膀，可能会飞翔。

小盗龙化石的发现对于证明恐龙和鸟类之间的联系有着重大意义。这一属类的恐龙前肢上长有长羽毛，会滑翔，甚至可能会飞翔。小盗龙是目前为止已知的最小的非鸟类恐龙，科学家相信翅膀会让它们在地面上的活动变得很笨拙，从而使它们很容易被别的捕食者吃掉。小盗龙身长不足 1 米，长有用来爬树的爪子。小盗龙在白垩纪初期活跃在中国地区，最近发现的化石表明它们的羽毛很有可能是黑色的。

据说小盗龙也会“孔雀开屏”炫耀它们的尾羽，这可能是最早的有关于装饰性尾羽的例证。

恐龙是恒温动物吗？

我们总认为恐龙是冷血而又迟钝的生物，不过越来越多的证据表明恐龙比它们的爬行类近亲有优势多了。

1841年，理查德·欧文(Richard Owen) 对当时持续出土的大型骨骼化石进行了恰当的分类，并鉴定出这些化石属于一个独特的种群。它们和今天的爬行类动物有一定的相似度，所以被取名为“dinosaur”（恐龙），意思是“恐怖的蜥蜴”。在很长的时间里，人们认为恐龙是愚蠢、行动迟缓的动物；它们灭绝的原因是无法与速度更快、更加敏捷的哺乳类动物抗衡。在19世纪60年代，英国的生物学家托马斯·赫胥黎（Thomas Huxley）第一次提出这些笨拙的野兽很有可能是现代鸟类的祖先。不过在当时看来，鸟类是优雅敏捷的恒温动物，而恐龙却生活在沼泽地区，冷血而笨拙，所以这一理论并没有流行开来。

这一理论再次出现是在20世纪60年代，当时耶鲁大学（Yale University）的约翰·奥斯特罗姆（John Ostrom）在研究恐爪龙（Deinonychus）的时候发现，这种恐龙行动迅速、捕猎敏捷，是天生的奔跑家。奥斯特罗姆重新提起了赫胥黎的理论，认为恐龙和鸟类之间也许存在着联系，并提出恐龙也许是恒温动物的假设。

恐龙是冷血动物最著名的一条证据是骨骼形成过程中出现的“停止生长线”（lines of arrested growth），很像是树的年轮。它们在生长放缓或者停止的时候出现，也就是在环境恶劣，汲取的能量只够生存的条件下。在今天的冷血动物身上可以看到这些“停止生长线”；因为恐龙也有，所

20世纪60年代，耶鲁大学的约翰·奥斯特罗姆提出假设，认为恐龙是恒温动物。

辩论大赛：“恐龙是冷血动物吗？”

01. 惰性同温

正方：恐龙体型巨大，不需要通过温血来保证恒定的体温。“惰性同温”（inertial homeothermy）可以让它们的体温缓慢地进行变化。

反方：并不是所有恐龙体型都很大；就算是大恐龙，也是从小小的幼龙长大的。

02. 气候温暖

正方：那时的气候更加温暖湿润，恐龙不需要温血来保暖。

反方：我们在极地也发现了恐龙化石，这又怎么解释？冷血的恐龙怎么在冰天雪地里生活呢？

03. 身披鳞甲

正方：现在的冷血动物一般都长有鳞甲，而从化石上的恐龙皮肤留下的印记可以看出恐龙也是有鳞的。

反方：鸟类也有鳞，甚至羽毛也是鳞的一个变化形态；此外，科学家已经发现了有羽恐龙。

04. 蜥脚类的脖子

正方：如果大型的蜥脚类恐龙不需要抬起长脖子，而是平行于地面支着，那么它们就不需要高血压来帮助血液到达脑部，也就不需要成为恒温动物了。

反方：最新的发现已经证明蜥脚类恐龙的脖子在一般情况下都是向上抬起的。

05. 鼻甲

正方：现代鸟类和哺乳类动物的鼻腔通道里都有一个叫作“鼻甲”（respiratory turbinates）的结构，用于保证肺部的高换气速率和温血状态。到目前为止，还没有在恐龙化石上发现这一结构。

反方：还没有发现的恐龙种类数不胜数，现在下结论为时尚早。

因为在恐龙化石里保留的软组织非常少，所以重建恐龙生物学并不容易

恐龙的心脏可能有四个心室，不过这个结论也有待进一步的研究

以有论调认为恐龙是冷血动物。

看上去，没人曾经做过全面的调查研究。2012 年 6 月，《自然》杂志刊登了一篇文章，是来自加泰罗尼亚古生物研究所（Catalan Institute of Palaeontology）的研究小组的新发现。这个研究小组分析了世界上所有哺乳动物的大腿骨。之前科学家假设哺乳动物通过保持恒温就可以在无规律的天气状况下存活，它们的骨骼会持续生长到成年，这一假设是完全错误的。该研究小组在他们分析过的所有哺乳动物的骨骼上都发现了停止生长线，这就说明骨骼的“年轮”并不能作为恐龙是冷血动物的证据。

恐龙是冷血动物的另一条证据来自鳄鱼。和恐龙一样，鳄鱼也是主龙类（archosaurs）家族的一员；它尽管不是恐龙的直系后裔，也有着很相近的血缘。因而有人认为，如果鳄鱼是冷血动物的话，恐龙应该也是。不过事情可没有看上去那么简单。

来自阿德莱德大学的（University of Adelaide）的罗杰 · 西摩（Roger Seymour）教授多年致力于寻找恐龙是恒温动物的线索。回到 1976 年，他在《自然》杂志上发表了一篇文章，题目是《恐龙，温血状态和血压》。在这篇文章里面，他得出了一个结论，认为蜥脚类不仅需要有较高的血压来给它们的脑部供血；而且它们需要一个与鸟类和哺乳类类似的四心室心脏来帮助它们调节心脏、肺部以及身体其他部分之间的血液流量（肺部需要较低的血压，不然动物很容易在自己的血液里窒息）。这一结论为“恐龙是温血动物”提供了佐证。

西摩教授最近对鳄鱼做了进一步的研究，他坚信他的发现让“主龙类

家族的所有成员都是恒温动物”这一假设更有说服力了。他说：“我认为今天的鳄鱼应该是在发展过程中放弃了温血，转变成了变温动物，这很有可能是因为它们坐等型的捕食习惯。不过它们的心脏仍然是四心室，没有任何其他的爬行类动物有这样的心脏，因为这证明了它们的恒温血统。只有鸟类和鳄鱼是现存的主龙类后裔。”

西摩继续解释道：“恒温有很多的优势。它能够帮助动物快速、持续地移动；冷血动物很容易疲劳，而且如果要和速度更快的哺乳类动物打架的话，它们一定会输。”

这是由于恒温动物和变温动物的能量转换的途径不同：冷血动物主要使用厌氧方式，这样会在身体里产生乳酸（lactic acid）；恒温动物则是通过有氧方式，因而主要的产物是热量和二氧化碳，而这两者都不会留在体内。由于乳酸的堆积，厌氧方式的能量转换无法持续。西摩教授指出，最佳情况下，一头200千克重的鳄鱼仅能产出同等体型哺乳动物14%左右的肌力，动物体型越大，比例越小。换而言之，冷血会让这些巨大的恐龙无精打采，异常容易被捕食。

另外一条证据来自西摩教授在2011年做的另一项骨骼供血的研究。我们的大腿骨上有一种叫作“滋养孔”（nutrient foramen）的小孔结构，这是血液给骨骼提供营养的地方。西摩教授提出一个理论，认为动物活跃度越高，它们的骨骼就需要更多的供血来保证最佳物理形态。为了证实这一理论，他比较了来自不同动物（包括哺乳类和爬行类）的滋养孔大小，尝试找出滋养孔和动物身体活动之间的联系。

研究结果清楚地表明，动物越活跃，滋养孔越大。实际上，哺乳类动物的滋养孔比爬行类动物的大十倍。西摩做了进一步研究，分析了十种恐龙的骨骼化石，得到了惊人的发现——这些恐龙的滋养孔甚至比今天的哺乳动物骨骼上的还要大。结论显而易见：这些庞然巨兽有着非常高的代谢率，甚至比生活在今天的哺乳动物还要高。

持续变暖……

综合考虑所有的信息，似乎每一项新的发现都带领我们走向“恐龙是恒温动物”这一结论。不过，是否有可能存在一种既是冷血又是温血动物的恐龙呢？西摩教授认为这并不可能，他说：“这两种策略不太可能同时存在。就像今天的冷血动物，它们需要的也不仅仅是保证生存的能量，它们还需要防御保护自己；同时，在中生代时期，极地附近的气候非常寒冷，根本没有冷血动物可以在那里生存。”

如果恐龙是恒温动物的话，那么“鸟类是恐龙的后裔”这一结论也就更可信了。西摩教授证实：“的确是这样的。鸟类的心脏有四个心室，这让它们能够把用于输送身体所需血液的高血压和输送肺部血液的低血压分隔开来。”现存的主龙类在进化过程中都曾是恒温动物，所以恐龙很有可能也是。

除非有新理论横空出世，推翻之前的所有研究，不然就目前来看，恐龙的确是一个有着高度活跃性、强壮有力的温血巨兽。这种生物统治了地球几百万年，如果没有6500万年前那次陨石撞击地球的不幸事故的话，可能它们仍会在这个星球上耀武扬威。

史蒂夫·帕里斯

恐龙的声音

不管电视剧和电影里怎么演，恐龙发出的肯定更像是嘶嘶声或是叫喊声，而并非是吼叫或是尖叫。

因为好莱坞大片的缘故，在我们的印象中，远古是一个嘈杂的世界。天空中有啸声而过的翼龙，地上有各种恐龙的吼叫声、嘶嘶声和尖叫声。我们在心理上已经接受了那时的世界四处都可以听见恐龙的声音。

当然，我们对史前世界的认识的确大部分是基于猜测，但是很多我们的先入之见却是基于各类夸张的影视作品，或是错把对现代动物的印象安在了远古恐龙身上。所幸的是，古生物学领域的专家正在努力发掘这些偏见之后的真相。他们已经发现，那时的世界可能比电影中展现的情景要安静多了。

血缘近亲

恐龙的化石遗迹帮助古生物学家和其他的科学家直观地了解了它们的生理机能，不过它们究竟是怎么交流的，这一点从化石上无法直接找到依据。那么事实究竟如何呢？

我们知道恐龙、鸟类和鳄鱼都属于一个初龙亚纲（Archosauria）类爬行动物，这个纲类覆盖了已经灭绝的恐龙种类和已经灭绝了的鳄目动物。主龙类（Archosaurs）迅速成为了古生代末期和中生代初期最常见的生物。在三叠纪时期，主龙类演变成两个遗传分支，一支是拟鳄亚目

鳄目动物和鸟类都会发声，这很有可能遗传自它们共同的祖先。

最有可能发声的五大恐龙

鸭嘴龙类拥有发声所需的所有遗传工具。

01. 副栉龙

副栉龙（Parasaurolophus）名字的意思是"几乎有冠饰的蜥蜴"，它是草食性鸟脚亚目恐龙，生活在白垩纪晚期的北美洲区域。副栉龙最有特色的就是脑后的长长管状头骨冠。

02. 龙栉龙

龙栉龙（Saurolophus）名字的意思是"蜥蜴顶冠"，它属于大型鸭嘴龙类，生活在6980万年前至6850年前的白垩纪晚期。龙栉龙的遗迹主要是在北美洲发现的，亚洲也有一部分。这种恐龙的颅骨后方有椎状顶冠。

03. 扇冠大天鹅龙

扇冠大天鹅龙（Olorotitan）是鸭嘴龙的一种，生活在白垩纪晚期。这种恐龙最大可以长至12米，长有特别的、向后生长的扇状顶冠。

04. 埃德蒙顿龙

埃德蒙顿龙(Edmontosaurus)是20世纪20年代在加拿大的马蹄峡谷地层（Horseshoe Canyon Formation）被发现的，一开始被错误地分入了另一属类。像大多数的鸭嘴龙一样，埃德蒙顿龙也生活在白垩纪晚期。

05. 格里芬龙

生活在8300万年前至7550万年前的白垩纪晚期的格里芬龙（Gryposaurus）属于鸭嘴龙类，它的遗迹主要分布在加拿大和美国地区。跟其他同时代的鸭嘴龙不同，格里芬龙并不因为头骨顶冠而出众，特别的是它的巨大鼻腔通道。

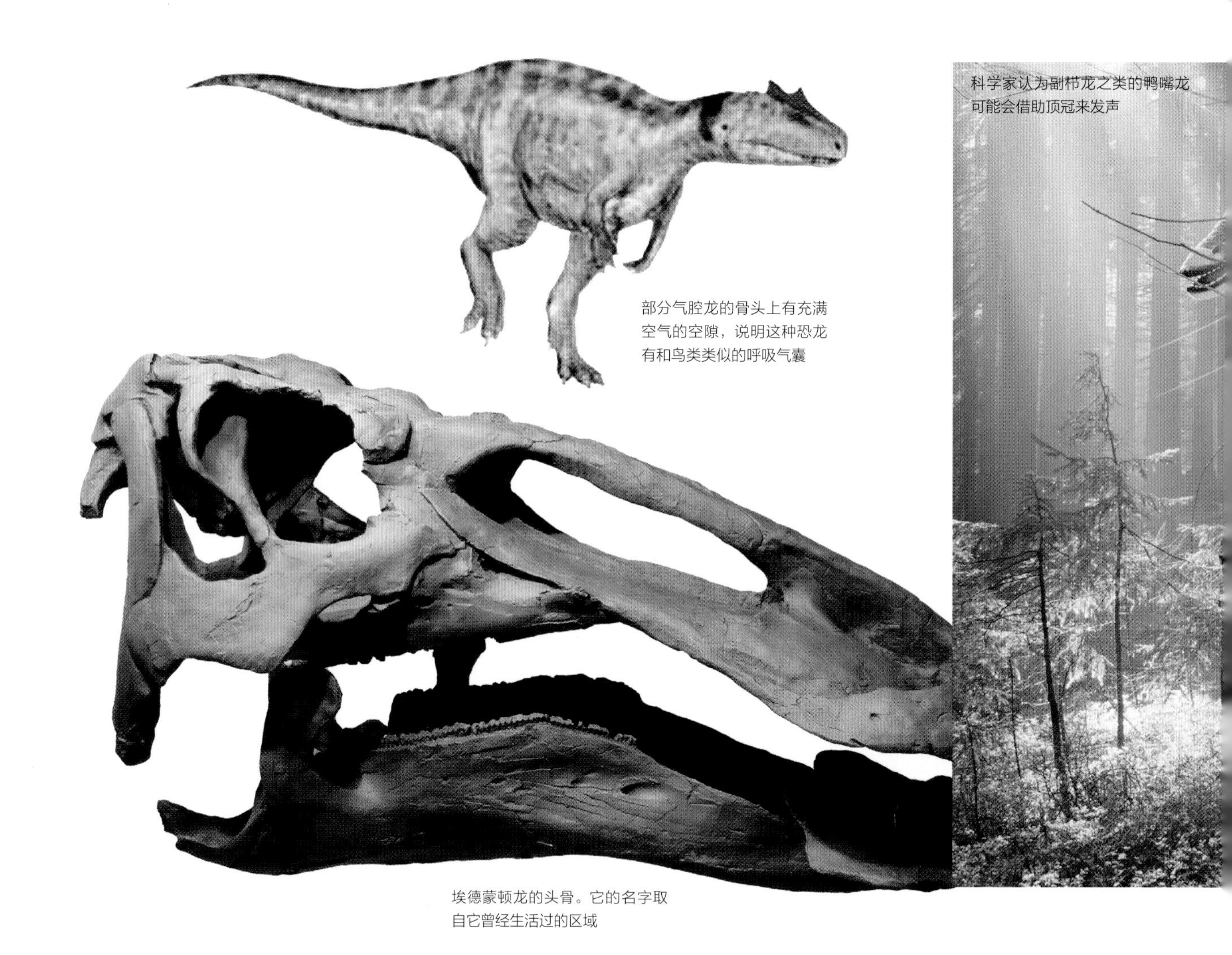

科学家认为副栉龙之类的鸭嘴龙可能会借助顶冠来发声

部分气腔龙的骨头上有充满空气的空隙，说明这种恐龙有和鸟类类似的呼吸气囊

埃德蒙顿龙的头骨。它的名字取自它曾经生活过的区域

（Pesudosuchia），包括鳄目动物和它们的祖先；另一支是鸟足主龙（Avemetatarsalia），包括鸟类、所有的非鸟类恐龙和翼龙目。

来自北卡罗来纳州费耶特维尔州立大学（Fayetteville State University）的副教授菲尔·森特（Phil Senter）博士说：“鳄目动物和鸟类都能够发声，所以我们倾向于推论这一特征是遗传自它们共同的祖先。这也就应该意味着所有已经灭绝了的主龙类动物应该都会发声。不过，我们不能轻易下结论。因为鳄目动物的声带和鸟类的并不一样，所以应该是分开进化的，而非一种共同遗传。”

森特继续说道：“鳄目动物的声带长在喉头，而鸟类的声带却不在这个地方，而是在鸣管（syrinx）。”

鸟类鸣叫

如果恐龙和鸟类是属于同一支血脉的话，那它们会有共同的声音特征吗？根据目前我们掌握的证据来看，情况绝对不是这样。

鸣管最重要的组成部分叫作锁骨气囊，鸣管通过这个气囊来发声。如果这个气囊被刺破了，鸟类就不再会“歌唱”。锁骨气囊的膨胀会在肱骨、胸骨以及锁骨上留下痕迹。

来自中生代的最原始的鸟类身上并没有发现此类痕迹，它们的近亲虚骨龙类（Coelurosaurs）恐龙也没有，这一种类的恐龙包括伤齿龙（troodontids）、偷蛋龙、暴龙和驰龙。有趣的是，有一种恐龙身上却有这一痕迹——气腔龙。这种来自阿根廷的肉食性恐龙是非鸟类恐龙，它似乎是独立进化出了这一气囊。

在鸟类身上发现这一骨骼痕迹最早是在白垩纪初期，出现在反鸟亚纲（enantiornithes）和会鸟类（Sapeornis）身上。相反的，中生代的飞

行类恐龙始祖鸟（Archaeopteryx）和热河鸟（Jeholornis）身上都不存在这一痕迹，尽管它们是鸟类的先祖。

森特博士继续说道："和鸟类不同，有些恐龙可能是独立进化出了声带，但我们并没有直接的证据能够证实这一点。有一些鸭嘴龙顶冠里的鼻腔通道可以与低频声音产生共振，从而放大这些声音；不过这并不意味着它们就有声带。眼镜王蛇（King cobras）和其他一些蛇类有着软组织构成的共振腔，可以放大特定频率的声音，正是因此蛇类的嘶嘶声才会听上去有些低沉。我们不能排除有冠鸭嘴恐龙也是通过这种方式来发声的。"

所有的这些理论都非常可信，那为什么大众文化里面总是认为史前时代的野兽是吼叫吵闹的呢？对于这一常见的误解，森特博士给出了他的解释："恐龙的粉丝们着迷于电影里面吼叫的雷克斯暴龙和有着低沉叫声的鸭嘴龙；不过事实可能会让他们非常失望。电影是为了娱乐而生的，所以并不会过多地拘泥于科学的准确性。最有可能的情况是，恐龙像今天大部分的爬行类动物一样，只在被打扰的时候发出嘶嘶声，实际上并没有声带的振动；而在其他的时候，它们都是很安静的。"

森特博士继续说道："不过安静的特征让这些电影里的恶棍变得更加恐怖了。想象一下，悄然靠近猎物的捕食者不是比呱呱乱叫的傻瓜要吓人多了吗？"

声音模拟

多年以来，科学家和古生物学家们一直在尝试，想要重现恐龙的叫声。其中，1996年的一项特别的研究格外引人注目。

这次研究的灵感来自于之前戴维·B.威显穆沛（David B Weishampel）主导的一次实验。威显穆沛在美国约翰霍普金斯大学医学院（Johns Hopkins University School of Medicine）工作，是一名古生物学家，他曾经用聚氯乙烯塑料管和小号的吹嘴做出了副栉龙的顶冠。威显穆沛宣称，恐龙的声音是低沉有力的，就像是今天大象发出的超低音一样。因而，几年后，古生物学家罗伯特·沙利文（Robert Sullivan）博士和汤姆·威廉森（Tom Williamson）博士在新墨西哥州发现了一块新的副栉龙化石。来自桑迪亚国立实验室（Sandia National Labs）的三位科学家与他们联系，说想要用扫描技术来重建这一古老草食性恐龙的头骨。

由于岩层的压力作用，副栉龙的骨骼呈半压缩状，破坏了原来的大小、形状及密度。不过有了沙利文和威廉森博士挖掘出土的头骨，来自桑迪亚国立实验室的科学家就能够运用立体平版印刷（一种激光扫描）建造出一个塑料版本的副栉龙。

参与实验的科学家卡尔·狄格特（Carl Diegert）博士说："塑料管的长度会决定基础频率，不过我们感兴趣的不仅于此。我们尝试着完善威显穆沛博士在20世纪80年代的实验。例如，我们不仅想要知道恐龙的持续发声究竟是怎样的；而且想要了解它们开始叫喊的时候是如何发起声音攻击的。"

唐·雷赞·林肯

美国国家航空航天局有一个用来监测我们周围星体的项目。研究人员们把未来100年中可能撞击地球的行星都记录在册。

谁是杀死恐龙的凶手

火山爆发、气候变化，还是小行星撞击？谁是杀死恐龙的真凶？通过沉积记录里的一些真凭实据，地质学家和古生物学家们正在尝试寻找这个问题的答案。

大约在6600万年以前，一场全球的浩劫使得非鸟类恐龙灭绝殆尽。白垩纪的最后一个阶段，马斯特里赫特期走到了结尾。实际上，整个中生代时期（通常所说的“恐龙时代”）结束了，而新生代（Cenozoic）的第一个阶段开始了。世界变得迥然不同，恐龙统治的时代已经永远过去了。实际上，恐龙并非这一场大灭绝事件的唯一受害者：天空中飞行的翼龙，海洋里遨游的蛇颈龙（plesiosaur）和沧龙（mosasaurs），以及很多其他的动植物都永远地从地球上消失了。

这场灭绝被称作白垩纪第三纪灭绝事件（K-Pg event），在地质学用语里，“K”代表白垩纪，而“Pg”代表古近纪。自发现这一事件的存在以来，科学家针对它有了无数的研究和讨论。有时候，甚至会有些荒诞不经的说法来混淆视听；不过实际上，

白垩纪晚期玄武岩的大量喷出导致的气候变化，是否是造成白垩纪第三纪灭绝事件的原因之一呢?

恐龙并没有出现灾难性的物种骤减。

地质学和古生物学的记录可以为我们提供当时事件情况的确凿证据，而其中的大部分都在过去一些年中得到了重新检验。

有关白垩纪第三纪灭绝事件的严肃讨论主要围绕着三个观点展开，分别叫作火山作用假说、渐变假说和小行星撞击假说。不同的科学家为这三个假说分别收集了大量的证据，不过很有可能其中两个甚至是三个因素都为这场几千万年前的灭绝做出了“贡献”。

火山作用假说

在白垩纪时期的最后一段时间，活跃的火山出现在了北美洲西部和大西洋的东南边，大量喷出的玄武岩形成了如印度的德干暗色岩之类的石山。这样的火山区域有 50 万平方千米，超过 100 万立方米的玄武岩喷出了地表。暗色岩并非由一次喷发事件形成的，而是经过几百万年积累而成。也就是在马斯特里赫特期，火山高频爆发可能有几万甚至是几十万年时间。

这些火山事件让科学家提出了“火山作用假说”，即白垩纪第三纪灭绝事件是由火山喷发引起的污染和气候变化造成的。在 20 世纪 80 年代，这一理论广为传播，主要的支持者是美国新罕布什尔（New Hampshire）达特茅斯学院（Dartmouth College）的查尔斯军官。这一派的理论家相信砷和锑的聚集和黏土矿物的形成都证明了在白垩纪第三纪灭绝事件中，大量的火山岩涌出了地面；另外，由于目前并没有找到小行星撞击形成的巨坑，他们认为小行星撞击的假说

我们知道的有关于生活在白垩纪最末尾的恐龙的所有信息都收集自美国西部的恶地

马斯特里赫特期的恐龙记录

全球仅在几个地点发现了来马斯特里赫特期最后一段时间的化石，我们来看看其中四个地方。

蒙大拿，地狱溪

地狱溪岩层主要由来自马斯特里赫特期的岩石构成，在它和更年轻的古近纪岩层之间是铱富集的白垩纪第三纪边界层。地狱溪全球闻名，因为在这里发现了霸王龙和三角龙的化石。实际上在20世纪初，著名的化石收藏家巴纳姆·布郎（Barnum Brown）就是在这里发现了第一具霸王龙的化石。

西班牙比利牛斯山脉，阿罗

阿罗地区的马斯特里赫特期沉积物里包含了各种各样的恐龙化石，在这里发现的恐龙包括鸭嘴龙、蜥脚类和类似迅猛龙的捕食者，也发现了一些蛋壳的化石。这里丰富的恐龙化石告诉我们，在白垩纪第三纪灭绝事件之前，恐龙一族并没有衰落，它们的物种多样性依然保持在一个繁盛的水平。

蒙古，纳摩盖盆地

在蒙古马斯特里赫特期，恐龙的种类非常丰富，这强有力地证明了亚洲的这个时期恐龙族群依然兴旺。蒙古发现的一些动物和它们生活在北美洲的亲戚高度相似，比如说特暴龙就是亚洲版霸王龙；另外一些则长得奇怪和独特，比方说体型巨大、手臂细长的恐手类鸵鸟龙(Deinocheirus)和长着镰刀爪的镰刀龙。

印度，古吉拉特邦

在印度，发现了大型猎手胜王龙，长脖子蜥脚类和其他恐龙的踪迹，这表明在德干暗色岩即将形成马斯特里赫特期，这里的恐龙依然生活得很滋润。实际上，在古吉拉特邦（Gujarat）出土的大部分遗迹都是出于夹在两层玄武岩层中间的沉积物；在这一层沉积物中发现的还有恐龙蛋和恐龙足迹的化石。

存在缺陷，不过这一反对意见也随着巨坑被找到而烟消云散了。

那这一假说是如何存活至今的呢？德干暗色岩地层的形成和白垩纪第三纪灭绝事件并没有精确的相关性，再加上对其他假说有利的证据，我们现在一般认为火山喷发并非灭绝事件的主要催化剂。不过，“德干火山活动影响，甚至直接造成了大灭绝”这一观点在某些圈子里很流行。来自普林斯顿大学（Princeton University）的格塔·凯勒(Gerta Keller)是今天这一假说的主要倡导者，她认为：“德干火山活动喷出的二氧化硫和二氧化碳会导致海洋酸化和陆地酸雨。”随后她又补充说，火山作用是唯一“可能造成大灭绝”的因素。

渐变假说

我们现在来看看渐变假说。这一观点认为海平面下降、富饶的栖息地减少以及气候变化共同造成了马斯特里赫特期最后阶段的恐龙种群的衰落。这一过程使得非鸟类恐龙和其他动物走向了灭亡。即使相关的物种并没有全部灭绝，遗传谱系多样性的减少也会让它们非常容易受到短时间、小规模事件的影响。

地层学的证据曾经看上去能够证明恐龙的种群在衰落：在马斯特里赫特期之上3米的地层里找不到恐龙的化石。不过，经过更全面地地层采样，科学家发现这个所谓的“3米间隙”只不过是因为人为的采样不当。实际上，在冲击层上就能发现恐龙的骨骼和脚印化石。

我们所知的有关于马斯特里赫特期恐龙多样性的一切都来自北美洲的西部。2012年的一次马斯特里赫特期全球恐龙多样性研究发现，北美洲的部分食草恐龙正在衰落，而肉食性和小型草食性恐龙却没有；此外，亚洲的恐龙种群依然欣欣向荣，丝毫没有受到影响。

2012年研究的主要人员之一史蒂夫·布鲁萨特（Steve Brusatte）说：“在北美洲地区，像是角龙和鸭嘴龙之类的体型和胃口都巨大的草食性恐龙物种都在白垩纪最后的1200万年开始减少，不过这样的衰退在亚洲却并不明显。在小行星撞击之前，北美洲的恐龙和亚洲的恐龙的进化道路看上去完全不同。”

白垩纪时期特定的动物种群（包括一些恐龙种群）似乎都在马斯特里赫特期末尾之前就减少了，有些甚至已经灭绝了。不过物种多样性在历史上总是起起落落，恐龙并没有出现灾难性的物种骤减。布鲁萨特说：“在白垩纪晚期以前，恐龙也经历过物种多样性的衰落，但每一次它们都从低谷中走了出来；为何这一次的低谷就让恐龙一路走向灭亡了呢？并没有数据显示非鸟类恐龙在当时大量地死去，有些种群活得很滋润，甚至有一部分恐龙种群在增加。”

小行星撞击假说

最后，我们来到了最著名、最受欢迎的大灭绝情境——巨大的小行星撞地球。小行星撞击假说在20世纪80年代进入了大众视野，那时候，路易斯·阿尔瓦雷茨（Luis Alvarez）和同事提出了这一假说，因为在意大利和丹麦发现的来自马斯特里赫特期的岩层中有大量的铂族金属铱（iridium）。他们认为是巨型星体的影响导致了这一现象，进而扰乱了地球的生态系统，造成了白垩纪第三纪灭绝事件。

他们认为这个小行星直径大约为10千米，这样一颗大型小行星撞击地球所产生的冲击力是广岛原子弹的几十倍，可能会留下一个直径超过10万米的巨坑。在之后，不仅找到了这样的巨坑，还找到了支持小行星撞击假说的其他证据。

> **似乎就是这场毁天灭地的小行星撞击宣告了白垩纪结束。**

来自墨西哥的证据

1990年，在墨西哥尤卡坦半岛发现的希克苏鲁伯陨石坑（Chicxulub crater）被认定为撞击地点——这个陨石坑直径超过180千米，和假说的年代和地点对得上。最新的研究结果是在2013年发表的，说明这一撞击和灭绝事件是同时发生的，而并非之前认为的两者之间有成千上万年的时间差。在同一年代的岩层中找到了这一事件中形成的冲击石英和玻陨石（陨石进入地球大气层时燃烧形成的壳层液滴的冷却物），从而为小行星撞击假说提供了证据；另外的证据还包括史前在北美洲发生的一系列海啸。

有没有可能如同有些科学家认为的，当时发生了多次小行星撞击事件呢？来自伯克利地质年代学中心（Berkeley Geochronology Center）的保罗·雷恩（Paul Renne）说：“多次撞击的假设是有道理的，因为这类事件通常是由于‘流星雨’引起的。我们在乌克兰也发现了同一时代类似的撞击结构——波泰士陨石坑（Boltysh crater），只不过体积相对较小。不过要是说还有没被发现的比造成希克苏鲁伯陨石坑的小行星撞击更大、更具破坏性的撞击，可能性应该非常小。”

关于小行星撞击，我们目前已经有了很多有力的证据，因而应该开始思考这样惊天动地的撞击会给恐龙和其他动物带来怎样的即时影响。热辐射、遮天蔽日的灰尘和全球蔓延的火灾——这一点白垩纪第三纪的烟尘层可以证明。

热辐射是由于小行星撞击的喷出物重新进入大气引起的，它的强度和影响范围引起了广泛的争论。根据一些专家的看法，这种热量造成的情境就像把地球放入了一个家用微波炉，地面的温度可以超过800摄氏度，这会将地面上的动物烤熟，并引起全球范围的大火；其他一些专家则认为如果这样的大火真实存在的话，一定能在地层里找到藏量丰富的煤炭，不过实际上白垩纪第三纪沉积物里的煤炭含量远比白垩纪其他时期的少很多。现在看来，地区性的热量爆发的确可能会影响到周围的动物和环境，但是大范围的全球辐射事件发生的可能性很小。

马斯特里赫特期的全球性事件看上去格外扑朔迷离，而目前为止就只有小行星撞击的假说最让人信服。不过，也许对于白垩纪末期的动物来说，这致命一击是笼罩在它们头顶已久的阴霾——气候变化和剧烈的火山活动早已让它们泥足深陷。

达伦·奈什博士

始祖鸟是恐龙和鸟类之间的过渡物种

恐龙时代II

恐龙并不像你想的那样彻底消失了。

关于恐龙灭绝，我们首先要说的是恐龙并没有灭绝。很多侏罗纪和白垩纪时期的新物种（大部分来自中国）告诉我们新一代的迅猛龙之类的小型恐龙已经长出了羽毛，开始进化为早期的鸟类。始祖鸟是最著名的过渡形态，而在白垩纪时期很多鸟类形态进化了出来，其中的一些血脉谱系在大灭绝中幸存了下来。在新生代时期，这些鸟类身上出现了神奇的演化辐射。从解剖学角度来说，相比恐龙的全系列多样化，一脉相承的鸟类显得有些保守，但是它们发展到今天也有10000个种类了，几乎在世界上的每一个栖息地都能发现鸟类的踪迹。这意味着今天的“恐龙”比曾经的恐龙要辉煌很多。

恐龙灭绝的其他假说

现在我们大概有50多种假说来解释非鸟类恐龙的灭绝，有些比较合乎情理；另外一些就有点异想天开了，主要问题在于大部分的假说都没有考虑到恐龙之外其他物种的灭绝情况。在这里，我们将说明三大假说之外的五个比较有竞争力的假说，看看你怎么想。

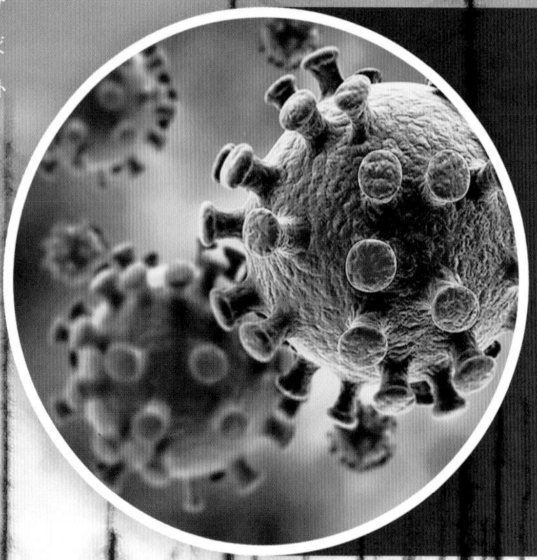

1

超级病菌

有机体经常会受到新的病菌和寄生虫的侵扰，这些微生物会通过迁徙的动物传播疾病，从而造成大面积的动物死亡。有人认为这就是在马斯特里赫特期发生的情况——某种新型的超级病菌扩散开来，造成了恐龙的灭绝。暂时还没有发现支持这一假说的确凿证据。

2

气候变冷

有人认为，气温下降、气候的季节性增强以及可能出现的冰期是造成恐龙灭绝的原因。的确有证据表明地球气温在马斯特里赫特期末尾有过短暂的下降，不过还没有发现这一变化对当时的动物有负面影响。

3

气候变暖

有一个不甚明朗的想法认为在白垩纪晚期出现的气候变暖导致了大灭绝。根据浮游生物的分布发现在马斯特里赫特期有至少两次的气温陡升；不过这些气温变化似乎没有达到能够引起物种灭绝的严重程度。

4

雌雄失衡

一些爬行动物的性别是由气温决定的，如果恐龙也是如此的话，那么气候变化很有可能引起了性别比例的失衡，进而导致了灭绝。不过没有证据表明恐龙的性别会随气温而变化，而且这一假说无法解释其他性别不受气温影响的动物的灭绝。

5

超新星

一颗爆炸的星球会破坏臭氧层，导致毁灭性的太阳辐射涌入，足以让地球上的生物灭绝。有人曾经提出超新星（可能是双子座中子星）可能和白垩纪第三纪灭绝事件有关，不过到目前为止还没有发现确凿的证据证实这一可能性。

科学掠影

恐龙时代的精彩画面

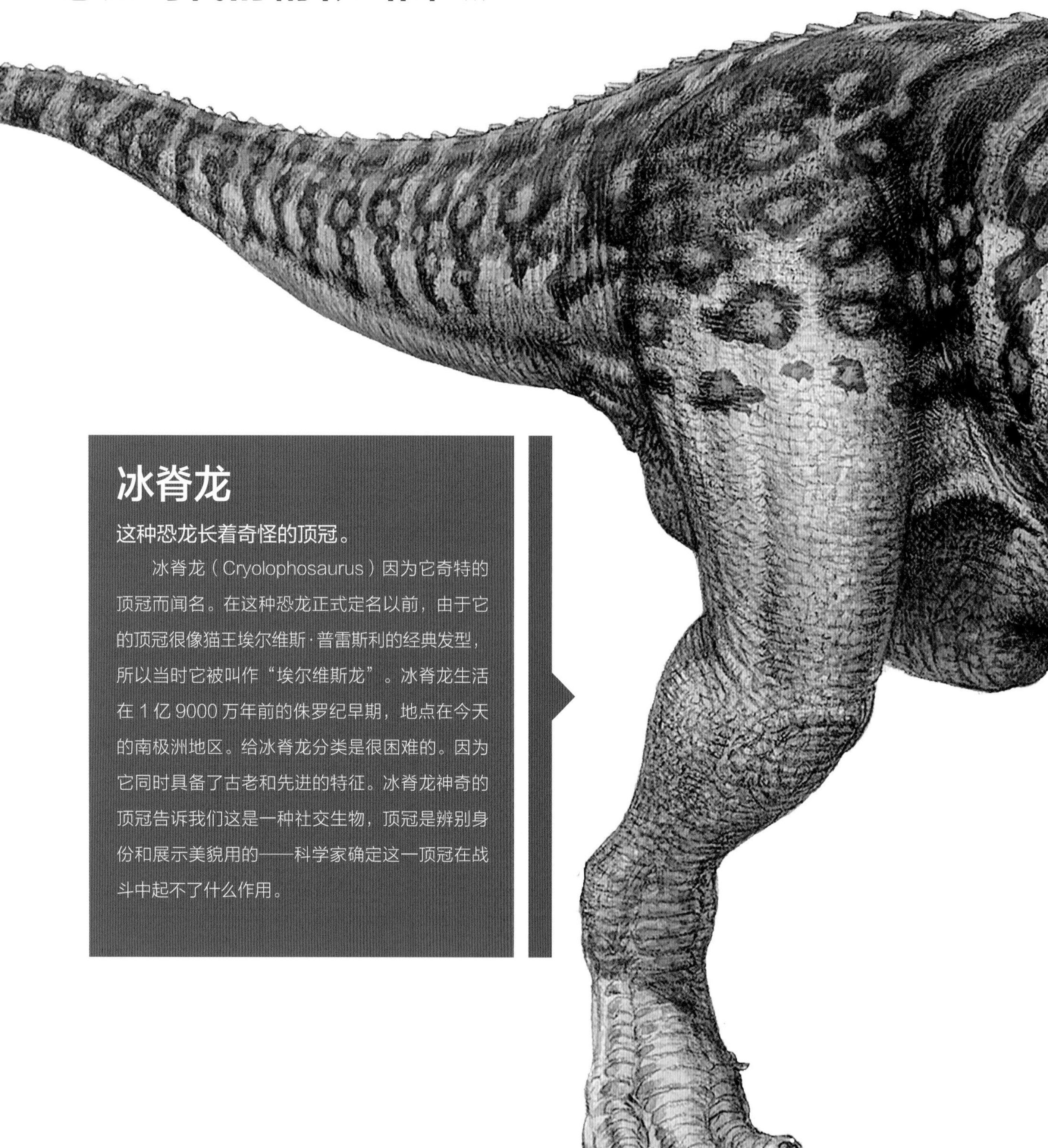

冰脊龙

这种恐龙长着奇怪的顶冠。

冰脊龙（Cryolophosaurus）因为它奇特的顶冠而闻名。在这种恐龙正式定名以前，由于它的顶冠很像猫王埃尔维斯·普雷斯利的经典发型，所以当时它被叫作“埃尔维斯龙”。冰脊龙生活在 1 亿 9000 万年前的侏罗纪早期，地点在今天的南极洲地区。给冰脊龙分类是很困难的。因为它同时具备了古老和先进的特征。冰脊龙神奇的顶冠告诉我们这是一种社交生物，顶冠是辨别身份和展示美貌用的——科学家确定这一顶冠在战斗中起不了什么作用。

在冰脊龙的年代，南极离赤道更近一些，气候更加温和，因而这种恐龙才能适应极地的气候条件。

你问我答

兔鳄（Lagosuchus）属于初龙亚纲，来自于三叠纪，是恐龙形态类的一员

二叠纪结束以前，很多动物的血脉谱系最终都会和主要脊椎动物联系在一起。

问：古生代末期，陆地上的生命开始繁盛起来。那时候的生物多样性究竟有多成功？

答：二叠纪结束以前，你可以看到许多动物谱系的代表最终都进化为了主要的陆地和海洋脊椎动物族群。当然，把它们与它们现代的后裔放在一起，我们看不出它们之间的联系；不过我们必须要考虑到这其中漫长的进化过程和一场几乎抹去了所有生命的大灭绝。

问：我们都知道，对于古地球的生态系统来说，大灭绝是一场毁灭性的灾难，就我们的发现而言，生物圈是怎样开始恢复的呢？

答：在恢复期的第一个 100 万年，出现的是小而多的有机体，这些所谓的“灾难类群”有着可以帮助它们在大灭绝中活下来的特征。这些有机体发现了它们可以利用的空闲的生态位和丰富的资源，因而在很短的时间内，它们的数量就大量增加了。

问：在三叠纪末期，恐龙开始统治地球，那么在进化过程中，在恐龙之前出现的是什么物种呢？

答：恐龙有一些近亲，叫作恐龙形态类（Dinosauromorpha），最早是在三叠纪初期出现的。恐龙形态类是小型的陆地动物。

由于不完全明确的原因，这些恐龙的祖先开始改进它们的运动系统，特别是它们后腿的运动方式：它们不再像蜥蜴一样趴在地上，而是开始直立后腿，两足行走。这让恐龙形态类动物变成更加恐怖的猎手，帮助它们进化成了后来的兽脚亚目恐龙。

保罗·阿普彻奇（Paul Upchurch）

博士

英国伦敦中央大学

保罗博士是一名古生物学的研究者，他的主要研究兴趣在于蜥脚类动物和发展新的系统分类技巧。

梁龙会帮助植物传播种子

在当时的世界里，恐龙和植物是如何互相协作的？

问：恐龙会像其他动物一样帮助植物传播种子吗？

答：我肯定恐龙就像现代的哺乳类和鸟类一样会帮助植物传播种子。我们曾发现过几次恐龙会吞食下含有果实或种子的食物，从而帮忙把种子携带到别处。有迹象表明，恐龙和植物可能会互相影响对方的进化，不过目前这还仅仅是猜想而已，我们需要更多有关植物和恐龙分布的信息。

问：那您的研究是怎样解决这个问题的呢？

答：我在努力寻找植物和恐龙之间互相影响的证据。目前，我有几个正在进行的项目，我们正在建立大型的数据库，录入植物和动物在不同时期的分布状况。恐龙是否会始终伴随在特定种类的植物左右？而两者的灭绝又是否会互相影响？这些都是我们尝试着去探索的问题。简单来说就是根据现在的例证来寻找历史进程上的驱动它们进化的相似过程。

问：恐龙可以以现代植物为食吗？

答：那时候存在的大部分植物也仍然生长在今天，所以我想只要用心挑选饲料，它们也能够生活在现代。虽然有些它们不能食用的东西，但是还有一些植物是从古到今并没有太大改变的。所以如果你非要把恐龙带回到现代的话，食物也是足够的。

保罗·巴雷特

恐龙生蛋，有些恐龙有羽毛——那么这是否意味着它们也像鸟类一样是恒温动物？

我们知道有些恐龙必须拥有高血压，因为它们实在是太高啦！

罗杰·西摩教授的问答时间

问：是什么让你开始对恐龙生理学开始感兴趣？

答：我从小就喜欢恐龙。不过因为我研究的是现存生物的比较生理学，就把这些概念运用到恐龙身上了。

问：恐龙是恒温动物这一观点从19世纪就已经出现了，为什么现在又热起来了呢？

答：现在有很多证据都指向这一点了。最重要的证据包括羽毛、高血压和温血之间的联系，以及恐龙当时统治了哺乳类动物。

问：若是恐龙并非像爬行类一样是冷血动物，你最有力的证据是什么？

答：我对这一理论的主要贡献是证明了高血压和温血状态之间的联系。鸟类和哺乳类动物都有较高的血压来支持它们的高代谢率。我们知道恐龙必须拥有较高的血压，只有这样才能将血液输送到它们“高高在上”的脑袋，所以我们认为恐龙应该是温血动物。

问：恒温动物需要的食物更多，那么温血恐龙是否会对环境造成严重危害呢？

答：并不会比之后出现的大型陆栖哺乳动物带来的后果严重。大型恒温动物的种群数量会相对较少。

罗杰·西摩（Roger Seymour）教授
任职于澳大利亚阿德莱特大学。

壁虎是唯一一种能够发声的蜥蜴

托马斯·威廉森馆长的问答时间

问：研究显示鸭嘴龙会利用它们特殊的顶冠来与彼此交流。您可以解释一下是用怎样的方式吗？

答：在鸭嘴龙鼻孔和其后的内鼻孔之间的呼吸道会在顶冠内形成长而弯曲的导气管和至少一个腔室，这样充满空气的空间可以和低频段发生共振。我们已经知道鸭嘴龙并没有和人类喉头类似的发音器官，不过它们的顶冠也许代表了它们独特的发音方式。

问：今天的蜥蜴都是很安静的生物，而鸟类却总是叽叽喳喳。这样的区别对我们研究恐龙的发声会有什么启发吗？

答：壁虎是唯一一种会发声的蜥蜴；不过鸭嘴龙的近亲——鳄目动物和鸟类都可以发出可以让它们与同类交流的声音。毫无疑问，这一能力与它们成熟的社会性行为息息相关。

问：恐龙有没有可能不通过声音来交流？

答：恐龙的确可以进行视觉交流，比如说很多种类的恐龙都有奇特的头骨结构。这样的头部装饰会随着恐龙的性成熟而不断发育，有科学家认为这可以帮助它们进行物种识别。

托马斯·威廉森（Thomas Williamson）美国新墨西哥州自然历史科学博物馆古生物馆馆长。

现存的鸭嘴龙近亲——鳄目动物和鸟类都可以发声。

保罗·雷恩博士的问答时间

问：格塔·凯勒与她的同事在2009年提出了一个观点，认为希克苏鲁伯陨石坑的形成和灭绝事件之间相隔了很长时间，这一观点大受欢迎；但是您的研究却反驳了这一论调，为什么会有这样完全相反的结论呢？

答：凯勒和她的同事认为在希克苏鲁伯陨石坑形成后的30万年，又有一颗小行星撞击了地球，从而导致了灭绝事件发生；不过他们之前的研究却得出了相反的结论：之前他们认为这场灭绝出现在希克苏鲁伯陨石坑形成之前的20万年。这样的前后不一致让我们开始探索这一问题。

基于希克苏鲁伯岩心的地质学研究，我们认为两次撞击的假说并不可信，没有地质学证据显示曾经发生了两次大撞击，我们的研究表明所谓的20万年差是由于对蒙大拿发现的白垩纪第三纪边界年份的错误估计。经过全面研究，我们现在确定之前的结果早了20万。换言之，希克苏鲁伯发生的小行星撞击和白垩纪第三纪大灭绝的确是同时发生的。

问：您一直强调小行星撞击对于已经非常脆弱的生态系统来说，不过是“压死骆驼的最后一根稻草”。那么，如果这一小行星没有撞击地球的话，您认为白垩纪末的生态系统可能恢复吗？又或者它们注定要崩塌？

答：由于德干火山活动的影响，长期的变化已经发生了，不过如果没有小行星的撞击的话，情况可能不会那么严峻，生态系统摇摇欲坠的时间也会拉长。我们知道大规模的火山爆发有时也会直接引起生物的灭绝，所以我想有些命运已经注定了的吧。

没有地质学证据表明曾经发生了两场大撞击。

保罗·雷恩（Paul Renne）博士
伯克利地质年代学中心主任。

雷恩博士说，几乎可以肯定希克苏鲁伯的小行星撞击杀死了恐龙